DEUTSCHE FORSCHUNGSANSTALT FÜR
LUFT- UND RAUMFAHRT E.V. (DLR)

SOLARTHERMISCHE KRAFTWERKE FÜR DEN MITTELMEERRAUM

Band 1:
Gesamtübersicht, Marktpotential und CO_2-Reduktion

Herausgeber: H. Klaiß, F. Staiß

Springer-Verlag Berlin Heidelberg New York
London Paris Tokyo Hongkong Barcelona Budapest 1992

Dr.-Ing., Dipl.-kfm. Helmut Klaiß
Deutsche Forschungsanstalt für Luft- und Raumfahrt e.V. (DLR),
Studiengruppe Energiesysteme, Stuttgart

Dipl.-Wirtsch.-Ing. Frithjof Staiß
Zentrum für Sonnenenergie- und Wasserstoff-Forschung (ZSW), Stuttgart

ISBN-13: 978-3-540-55664-0   e-ISBN-13: 978-3-642-84798-1
DOI: 10.1007/978-3-642-84798-1

2362/3020–543210

Autoren

Band 1

Dr.-Ing. Dipl. Kfm. Helmut Klaiß[*]
Dipl.-Wirtsch.-Ing. Frithjof Staiß[***]

unter Mitarbeit von:
Dr. Ing. J. Nitsch[*]

Band 2

Dipl.-Ing. Georg Hille[*]	Teil I
Dr.-Ing. Dipl. Kfm. Helmut Klaiß[*]	Teil III
Dipl.-Wirtsch.-Ing. Joachim Meyer[*]	Teil II
Dipl.-Phys. Wolfgang Schiel[**]	Teil V
Dipl.-Wirtsch.-Ing. Frithjof Staiß[***]	Teil IV,VI
Dipl.-Ing. Peter Wehowsky[****]	Teil V

unter Mitarbeit von:
Dr. rer. nat. Michael Kiera[****]
Dipl.-Ing. Axel Schweitzer[**]
Dipl.-Ing. (FH) Friedhelm Steinborn[***]

[*]   Deutsche Forschungsanstalt für Luft- und Raumfahrt e. V., Stuttgart

[**]   Büro Schlaich Bergermann und Partner, Stuttgart

[***]   Zentrum für Sonnenenergie- und Wasserstoff-Forschung Baden-Württemberg, Stuttgart und Ulm

[****]   Interatom GmbH, jetzt Siemens AG/KWU, Bergisch Gladbach

Vorwort

Die Notwendigkeit zukünftige Energieversorgungssysteme zu gestalten, die den Forderungen nach ökologischer und sozialer Verträglichkeit langfristig genügen, stellt die zentrale Herausforderung für die Weltenergiewirtschaft in den nächsten Jahren und Jahrzehnten dar.

Unumstritten ist dabei, daß es zur Lösung der globalen Klimaprobleme enormer Anstrengungen der hochindustrialisierten Staaten bedarf und es zu einer intensiven Kooperation mit den weniger entwickelten Ländern kommen muß.

Ebenso ist unumstritten, daß die erneuerbaren Energiequellen dazu deutlich höhere Beiträge leisten müssen, als dies heute der Fall ist.

Welche Energieträger und Energiesysteme in welchem Umfang in einem Land genutzt werden sollen, hängt vor allem von den vorhandenen Energieressourcen, dem Entwicklungsstand einer Technologie sowie den technischen, wirtschaftlichen, politischen und gesellschaftlichen Voraussetzungen und Möglichkeiten ab, diese Technologien in den jeweiligen Energiemarkt einzuführen. Sicher ist jedoch, daß es keine singuläre technische Einzellösung geben kann, sondern sich eine Vielzahl Systeme ergänzen müssen.

Das vorliegende Buch betrachtet vor diesem Hintergrund die technisch-ökonomischen Chancen solarthermischer Stromerzeugung mittels Parabolrinnen- und Solarturmkraftwerken sowie dezentraler Dish/Stirling-Systeme. Alle drei Konzepte haben in den vergangenen 10 Jahren in Demonstrationsvorhaben ihre technische Machbarkeit bewiesen. Kommerzielle Erfolge wurden bereits mit den in Kalifornien erstellten Parabolrinnenanlagen mit einer installierten Leistung von 350 MW$_{el}$ erzielt. In diesem Stadium der Technologieentwicklung gilt es, Märkte zu suchen und zu analysieren und die Technologien den Anforderungen der Nutzer anzupassen, um eine erfolgreiche Markteinführung bzw. Markterweiterung zu ermöglichen.

Die Untersuchung konzentriert sich auf die Potentiale solarthermischer Kraftwerke im Mittelmeerraum, der aus europäischer Sicht als Markt von besonderem Interesse ist. Darüberhinaus kann das Untersuchungsgebiet als exemplarisch für die einstrahlungsreichen Regionen der Erde betrachtet werden. Die Methodik und Vorgehensweise der Analyse läßt sich grundsätzlich auf andere sonnenreiche Gebiete übertragen, wenngleich die Ergebnisse und Folgerungen im Einzelfall unterschiedlich sein werden.

Eine wesentliche Zielsetzung des Buches liegt darin, aufbauend auf dem aktuellen technologischen Status und den weiteren Entwicklungsmöglichkeiten zu einer möglichst geschlossenen Darstellung solarthermischer Kraftwerke von der Technik bis zur Marktanalyse zu gelangen. Das Buch richtet sich daher an Energiewirtschaftler, Energieplaner, Energiepolitiker und all jene, die sich für innovative und umweltverträgliche Konzeptionen in der Energiewirtschaft im europäischen und internationalen Maßstab interessieren. Wir hoffen, daß der Leser bei über-

schaubarem Zeitaufwand in die Lage versetzt wird, die Chancen solarthermischer Stromerzeugungstechnologien einschätzen zu können, die nach unserer Auffassung eine vielversprechende Option für zukünftige Elektrizitätsversorgungssysteme in einstrahlungsreichen Regionen darstellt.

Um einerseits dem Anspruch gerecht zu werden, dem Leser das Thema in kompakter Form näher zu bringen, andererseits die Möglichkeit der Vertiefung der wesentlichen Einflußfaktoren auf das Marktpotential zu ermöglichen, wurde die Untersuchung in zwei Bände aufgeteilt:

Band 1 analysiert in verschiedenen Zeithorizonten (mittelfristig bis zum Jahr 2005 bzw. langfristig bis zum Jahr 2025) systematisch in komprimierter Form die meteorologischen, energiewirtschaftlichen und infrastrukturellen Randbedingungen und stellt sie der technisch-ökonomischen Leistungsfähigkeit der solaren Anlagen gegenüber. Die Quantifizierung möglicher solarer Stromerzeugungsanteile erfolgt in Form einer sog. Potentialkaskade, indem ausgehend von den meteorologischen Verhältnissen, sukzessive die weiteren Randbedingungen, wie die verfügbaren Flächen, die Stromnachfragestruktur und das technisch-wirtschaftliche Entwicklungspotential bei den Anlagen einbezogen wird. Da die Markteinführung solarthermischer Systeme nicht zuletzt von der Veränderung der bestehenden energiepolitischen Randbedingungen abhängt, werden in verschiedenen Szenarien denkbare energiepolitische Strategien berücksichtigt. Hieraus ergeben sich die möglichen CO_2-Redutionspotentiale solarthermischer Stromerzeugung.

Um dem nicht deutschsprachigen Interessentenkreis an der Thematik entgegenzukommen, wurde Band 1 um eine ausführliche englische Zusammenfassung ergänzt.

Band 2 gliedert sich in sechs Teile und beschreibt das Vorgehen zur Bestimmung und Ableitung der wichtigsten Randbedingungen, die die notwendige Voraussetzung für die Potentialabschätzung in Band 1 darstellen:

> *- Rahmenbedingungen für die Energiewirtschaft*
> *- Solares Strahlungsangebot*
> *- Verfügbare Flächen*
> *- Laststrukturen*
> *- Technik und Stromgestehungskosten*
> *- Vergütungsstrukturen für Solarstrom*

Jeder Teil stellt eine in sich geschlossene Analyse dar und dokumentiert darüberhinaus in aufbereiteter Form das zusammengetragene Datenmaterial. Band 2 bietet damit die Möglichkeit wichtige Aspekte zu vertiefen und die der Auswertung zugrunde gelegte Methodik im einzelnen nachzuvollziehen.

Das Buch basiert auf einer Studie zum "Systemvergleich und Potential von solarthermischen Anlagen im Mittelmeerraum (PSTM)", die im Zeitraum von Herbst 1990 bis Herbst 1991 von den Institutionen

- Deutsche Forschungsanstalt für Luft- und Raumfahrt e.V. (DLR), Stuttgart
- Interatom GmbH (jetzt Siemens AG/KWU), Bergisch Gladbach
- Büro Schlaich Bergermann & Partner, Stuttgart
- Zentrum für Sonnenenergie- und Wasserstoff-Forschung Baden-Württemberg (ZSW), Stuttgart

unter Federführung des Fachgebietes Systemanalyse des ZSW (Studienleitung Dr. J. Nitsch) durchgeführt wurde. Die Studie war Teil der wissenschaftlichen Begleitung des Technologieforschungsprogramms "Solares Testzentrum Almeria (Spanien)", das vom Bundesminister für Forschung und Technologie getragen wird und von der Hauptabteilung Energietechnik der DLR Köln in Zusammenarbeit mit dem spanischen Betreiber der "Plataforma Solar de Almeria", dem Centro de Investigaciones Energeticas, Medioambientales y Technologicas (CIEMAT) durchgeführt wird.

Wir möchten an dieser Stelle allen Autoren und Beteiligten an der PSTM-Studie danken, ohne deren Bereitschaft und zusätzliches Engagement an der Überarbeitung der Themen die vorliegende Veröffentlichung nicht möglich gewesen wäre.

Unser Dank gilt auch den Institutionen und Unternehmen im In- und Ausland, die die Arbeit mit wichtigen Materialien und Fachkenntnissen unterstützt haben. Ausdrücklich genannt seien Herr R. Aringhoff von der Firma Flachglas Solartechnik, Köln sowie das Paul-Scherrer-Institut, Villingen (Schweiz).

Wir danken den Herren Dr. M. Becker und W. Meinecke der Hauptabteilung Energietechnik der DLR Köln für die Unterstützung bei der Herausgabe des Buches. Insbesondere danken wir auch Frau U. Rachow, die uns alle organisatorischen Dinge abgenommen hat und Frau Giegerich für die englische Übersetzung.

Nicht zuletzt gilt der Dank allen Sekretärinnen und studentischen Hilfskräften, die unsere oftmals zeitraubenden Wünsche bei der Gestaltung der Texte und Graphiken mit viel Engagement und Geduld erledigt haben.

Stuttgart, September 1992

Frithjof Staiß   Helmut Klaiß

Inhaltsverzeichnis

1 Einleitung und Zielsetzung

In den Bereichen Forschung, Entwicklung und Betrieb von solarthermischen Kraftwerken konnten seit Beginn der 80er Jahre große Fortschritte erzielt werden. Sie stellen heute neben Wasserkraftwerken, Windkraftanlagen und Biomasseanlagen eine aussichtsreiche Technik zur Nutzung regenerativer Energien dar, die an geeigneten Standorten wirtschaftlich Strom erzeugen kann. Für Kraftwerksleistungen im Megawatt-Bereich erfüllen kurz- bis mittelfristig neben den Wasserkraftanlagen nur die solarthermischen Systeme das Kriterium der Wirtschaftlichkeit. Dies zeigt sich in der Tatsache, daß heute mehr als 90% aller weltweit solar erzeugten Elektrizität von solarthermischen Anlagen geliefert wird.

In der vorliegenden Arbeit werden repräsentativ folgende Technologien zur solarthermischen Stromerzeugung (siehe auch Kap. 3.5) untersucht:

- Solarturm- und Parabolrinnenkraftwerke für die Einspeisung in große Elektrizitätsnetze

- Solare Dish/Stirling-Systeme vorrangig für den Einsatz in Inselnetzen und für die Versorgung kleiner Verbraucher , in Einzelfällen auch für die Integration in große Netze.

Die ebenfalls zu den solarthermischen Anlagen gehörenden Aufwindkraftwerke werden nicht untersucht; viele der für den Mittelmeerraum erzielten Ergebnisse haben aber auch für diese Systeme Gültigkeit.

Das Marktpotential solarthermischer Kraftwerke liegt im Sonnengürtel der Erde zwischen 40° nördlicher und 40° südlicher Breite. Eine zentrale Voraussetzung für solarthermische Stromerzeugung ist eine hohe Direktstrahlung, da die solarthermischen Systeme als konzentrierende Systeme diffuse Strahlung nicht zur Energieerzeugung nutzen können. Die vorliegende Arbeit konzentriert sich auf den Mittelmeerraum (MMR), weil diese Region als Zukunftsmarkt für die exportorientierte europäische Industrie, aber auch als Standort von Test- und Demonstrationsanlagen für die europäische Forschung von besonderem Interesse ist. Darüber hinaus können die prinzipiellen Aussagen einer Potentialanalyse anhand der heterogenen Strukturen im Mittelmeerraum diskutiert werden. Langfristig ist eine Versorgung Mitteleuropas mit im Mittelmeerraum solarthermisch erzeugtem Strom über das europäische Verbundnetz denkbar.

Der Mittelmeerraum (Abb. 1.1) umfaßt in dieser Untersuchung außer den direkten Mittelmeeranrainern noch die Länder Portugal und Jordanien. Zum Mittelmeerraum ge-

hören damit die europäischen EG-Länder Frankreich, Griechenland, Italien, Portugal und
Spanien; die Nicht-EG-Länder Albanien, das ehemalige Jugoslawien, Malta, Türkei und
Zypern; die Länder des Nahen Ostens Israel, Jordanien, Libanon und Syrien sowie die
nordafrikanischen Staaten Ägypten, Algerien, Libyen, Marokko und Tunesien. Je nach
Fragestellung wird der Mittelmeerraum in einzelne Regionen aufgeteilt, z. B. nördlicher
und südlicher Mittelmeerraum, Festland, küstennahe und küstenferne Regionen, Inseln
und dezentrale Gebiete usw.

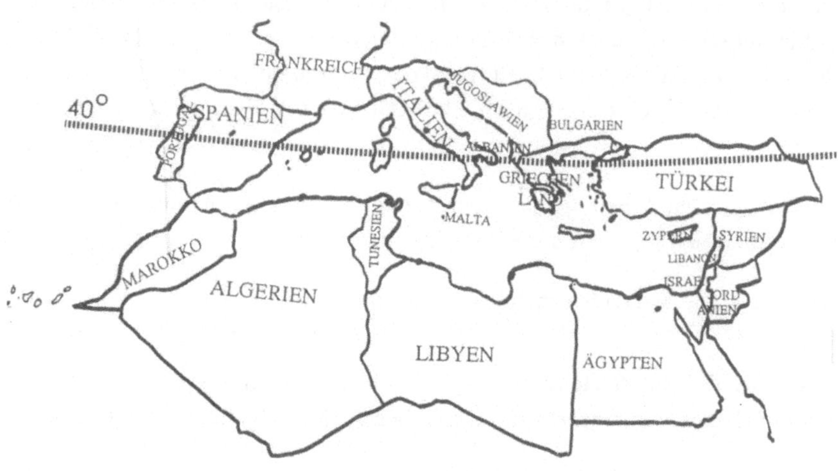

Abb. 1.1:   Betrachtete Länder im Mittelmeerraum

Ziel der Arbeit ist es, für die solarthermischen Anlagen im Mittelmeerraum folgende Fragen zu beantworten:

- Wie sieht das energiewirtschaftliche Umfeld für die solarthermische Elektrizitätserzeugung heute und in Zukunft aus?

- Welches (Markt-)potential haben solarthermische Anlagen kurz- bis mittelfristig (ca.
  2005) und langfristig (ca. 2025) im Mittelmeerraum? Dabei wird unterschieden in ein
  theoretisches Potential, Angebotspotential, technisches Potential, wirtschaftliches
  Potential und verschiedene Varianten der Ausschöpfung dieses Potentials
  ("Anschubpotential" u.a.)

- Welchen Beitrag können solarthermische Kraftwerke im Mittelmeerraum zu einer Reduktion der CO_2-Emissionen im Elektrizitätssektor leisten?

2 Methodisches Vorgehen

<u>Übersicht</u>

Die wichtigsten Einflußparameter auf die verschiedenen Potentiale solarthermischer Anlagen sind:

- die energiewirtschaftlichen Rahmenbedingungen
- das solare Strahlungsangebot
- die verfügbaren Flächen
- die Laststrukturen
- die Technik und Stromgestehungskosten
- die Vergütungsstrukturen für Solarstrom.

Diese Parameter werden in einem ersten Schritt im Detail analysiert. Die Dokumentation der Datenbasis, die Beschreibung der Methodik und der Ergebnisse sind ausführlich in sechs Teilen in der oben aufgeführten Reihenfolge in Band II dokumentiert.

In einem zweiten und dritten Schritt (Band I) werden die für die Potentialermittlung relevanten Ergebnisse der Einzelanalysen abgeleitet und verknüpft sowie die abgeschätzten Einzelpotentiale in einer Gesamtbetrachtung stufenweise in Form einer Potentialkaskade reduziert (Abb. 2.1).

Aus dem solaren Strahlungsangebot wird das theoretische Potential abgeleitet. Zusammen mit den als Standort für solarthermische Anlagen zur Verfügung stehenden Flächen (Flächenpotential) kann daraus das gesamte Angebotspotential bestimmt werden. Das technische Potential hängt von den drei Faktoren Einstrahlungsverhältnisse, verfügbare Standortflächen und Strombedarf (Nachfragepotential) ab.

Während das theoretische Potential unabhängig vom betrachteten Jahr definiert werden kann, ist die Höhe des Flächen- und Nachfragepotentials eine Funktion der Zeit. Dies gilt auch für das wirtschaftliche Potential. Die Zeitabhängigkeit ergibt sich aus der Kostendegression bei solarthermischen Kraftwerken, aus der eher zu höheren Werten tendierenden Preisentwicklung für fossile Energieträger sowie aus der Annahme, daß in den nächsten Jahren nur Einzelanlagen gebaut werden, während langfristig auch größere Kraftwerkparks mit weiter von einer bestehenden Infrastruktur entfernten Standorten wirtschaftlich sein werden.

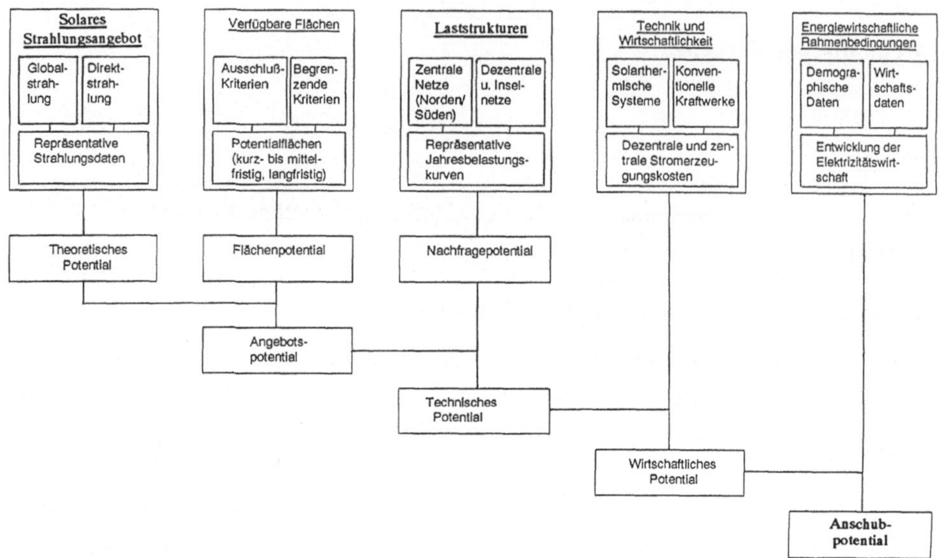

Abb. 2.1:   Potentialkaskade

Die Ausschöpfungsspotentiale werden neben den energiepolitisch erwünschten Anteilen solarthermischer Anlagen an der Stromerzeugung im wesentlichen durch den notwendigen Zubau an Kraftwerkskapazität sowie die Zusammensetzung und Altersstruktur des bestehenden Kraftwerksparks bestimmt. Die Ausschöpfungspotentiale bestimmen maßgeblich den Beitrag, den solarthermische Kraftwerke zu einer Reduktion der CO_2-Emissionen im Mittelmeerraum leisten können. Diese Frage wird in einem vierten Schritt behandelt.

Im Rahmen dieser Arbeit gelang es, für die zentralen Systeme unter den zugrunde gelegten Annahmen und der geforderten Genauigkeit belastbare Ergebnisse zu erarbeiten und die Basis für detailliertere Machbarkeitsstudien für solarthermische Kraftwerke zu legen. Für die Bearbeitung der dezentralen, nicht mit dem Verbundnetz gekoppelten Stromversorgungssysteme konnten nur sehr beschränkt allgemeingültige Aussagen getroffen werden.

Rahmenbedingungen für die Energiewirtschaft

Ausgangsbasis für die Ermittlung der Potentiale von solarthermischen Anlagen zur Stromerzeugung bilden allgemeine Informationen sowie die demographischen, wirtschaftlichen und energiewirtschaftlichen Rahmenbedingungen in den 19 untersuchten Länder.

Anhand dieser Daten können in erster Näherung die Möglichkeiten der Länder solarthermische Kraftwerke einzusetzen beurteilt wurden. Darüber hinaus haben die Rahmendaten Einfluß auf die Ableitung der übrigen Parameter, z. B. die Stromzuwachsraten auf die Entwicklung der Stromverbrauchsstrukturen bzw. der Wald- und Nutzflächenanteil auf die verfügbaren Standortflächen für solarthermische Anlagen.

Im einzelnen wird nach folgenden Arbeitsschritten vorgegangen:

- Sammlung der Daten aus der Literatur.

- Durchführung einer Fragebogenaktion an nationale Planungsbehörden und Elektrizitätsversorgungsunternehmen.

- Systematische Darstellung in Datenblättern und grafische Auswertung.

- Darstellung der Ergebnisse für den gesamten Mittelmeerraum in Form einer Summen- oder gewichteten Mittelwertsbildung aller Parameter.

Solares Strahlungsangebot

Wichtigster Parameter zur Abschätzung des Stromerzeugungspotentials solarthermischer Systeme im Mittelmeerraum sind die Einstrahlungsverhältnisse. Methodisches Ziel ist es, repräsentative Einstrahlungsverhältnisse zu finden, mit denen die verschiedenen Regionen charakterisiert werden können. Jeder potentielle Standort kann damit einem Einstrahlungstypus (Direktstrahlung) zugeordnet werden. Für jeden Typus werden deshalb Strahlungsdaten ausgewählt bzw. generiert, um

- das Einstrahlungspotential und - daraus abgeleitet - das theoretisch mögliche Stromerzeugungspotential im Mittelmeerraum abzuschätzen, bzw. unter Berücksichtigung der verfügbaren Standortflächen das Angebotspotential abzuleiten,

- auf der Basis von Stundenwerten das Betriebsverhalten der einzelnen solarthermischen Systeme zu simulieren,

- für unterschiedliche Einstrahlungsbedingungen die Stromerzeugungskosten solarthermischen Systeme zu berechnen.

Im einzelnen ist das Vorgehen durch die folgenden Arbeitsschritte charakterisiert:

- Bildung von 10 Einstrahlungsklassen der Globalstrahlung von 1500 bis 2500 kWh/m^{2}a auf der Basis von Meteosatdaten und Ableitung von fünf repräsentativen Direktstrahlungsverläufen (DS) im Stundenraster für 1800, 1950, 2100, 2350 und 2500 kWh/m^{2}a (DS-1800 bis DS-2500).

- Bildung von 4 räumlichen Zonen im Mittelmeerraum (Nord, Süd küstennah, Süd küstenfern, Inseln) und Ermittlung relativer Häufigkeiten der Einstrahlungsklassen in diesen Zonen und dem gesamten Mittelmeerraum.

- Abschätzung der Relation von Direkt- zu Globalstrahlung auf der Basis von berechneten und gemessenen Werten. Berechnet wird die Direktstrahlung aus Global- und Diffusstrahlungswerten von 30 europäischen Testreferenzjahren für verschiedene Standorte. Außerdem stehen an gemessenen Strahlungswerten 7 ganzjährige Meßreihen von 4 Standorten zur Verfügung.

Verfügbare Flächen

Das Flächenpotential für solarthermische Kraftwerke gibt unter Berücksichtigung von ausschließenden und einschränkenden Kriterien die verfügbaren Flächen für mögliche Anlagenstandorte an und stellt neben dem theoretischen Potential die Basis zur Ermittlung des Angebotspotentials dar.

Grundsätzlich werden für jedes Land 8 verschiedene Kriterien-Kombinationen betrachtet und entsprechend 8 abgestufte Flächenpotentiale angegeben. Zum einen werden nur die ausschließenden sogenannten KO-Kriterien (Wüsten-, Wasser- und Waldflächen sowie Flächen mit Steigungen > 5 %) betrachtet, zum anderen werden in einem weiteren Schritt auch die begrenzenden Kriterien (Ackerflächen, Dauerweiden, politische Risiken usw.) berücksichtigt. Der zeitlichen Veränderbarkeit von Kriterien wird insoweit Rechnung getragen, daß kurz- bis mittelfristig nur Gebiete, die weniger als 50 km von einer bestehenden bzw. geplanten elektrischen Leitung und einer bestehenden Straße entfernt sind, berücksichtigt werden. Langfristig wird diese Einschränkung nicht getroffen.

Die Arbeitsschritte sind im einzelnen:

- Übernahme der Basisdaten aus den Rahmenbedingungen für die Energiewirtschaft und aus den Einstrahlungsdaten für jedes Land.

- Länderweise Erstellung von Landkarten jeweils für die Parameter Ausschlußkriterien, Infrastruktur und Verbundnetzstruktur und Verknüpfung der einzelnen kartografierten, flächenspezifischen Daten zur Ableitung der zur Verfügung stehenden Potentialflächen.

Für die Stromversorgung der Inseln sowie für andere nicht zentral versorgte Gebiete kann keine in sich konsistente Ableitung der Potentialflächen durchgeführt werden. Für Tunesien wird mit Hilfe von Daten und Karten zur Bevölkerungsgeographie das Potential zur dezentralen Stromerzeugung beispielhaft abgeleitet.

Primäres Ziel der Analyse der Stromverbrauchsstrukturen ist es, die Stromnachfrage durch repräsentative Jahresbelastungskurven im Stundenraster abzubilden. Die auf die Höchstlast bzw. die Jahresenergiemenge normierten, repräsentativen Jahresbelastungskurven werden dazu benutzt, die maximalen Lastdeckungsanteile solarthermischer Anlagen für jedes Land zu bestimmen. Der Lastverlauf für die einzelnen Länder wird durch die Verknüpfung der repräsentativen Verläufe und der jeweiligen Höhe des Stromverbrauches der Länder bestimmt. Die Ergebnisse bilden die Basis zur Bestimmung des Nachfragepotentials.

Die Arbeitsschritte sind im einzelnen:

- Analyse vorhandener Stromverbrauchsstrukturen (UCPTE-Daten, Anfragen bei Elektrizitätsversorgungsunternehmen, sonstige Literatur).

- Differenzierung nach jahreszeitlichem Verlauf und Tagesbelastungskurven; Unterteilung in Sommer-, Winter- sowie in Frühling- und Herbstmonate und in Werktage, Samstage und Sonntage.

- Ableitung repräsentativer jahreszeitlicher Verläufe und repräsentativer Tagesbelastungskurven für den nördlichen und südlichen Mittelmeerraum (zentrale Systeme) bzw. für vier Kategorien dezentraler Systeme unter Berücksichtigung zukünftiger Verbrauchsentwicklungen.

- Ableitung von Kennzahlen und Normierung der Verläufe zur Übertragung der repräsentativen Jahresbelastungskurven auf die konkrete Situation der einzelnen Länder bzw. Regionen.

Technik und Stromgestehungskosten

Der Technik- und Stromgestehungskostenvergleich wird für die drei repräsentativen solarthermischen Systeme (Parabolrinnen-, Turmkraftwerke und die Dish/Stirling-Systeme) sowie für verschiedene konventionelle Kraftwerke und Brennstoffe durchgeführt. Ziel ist es, anhand der Stromerzeugungskosten den wirtschaftlichen Einsatzbereich der solarthermischen Anlagen zu analysieren, um hieraus das wirtschaftliche Potential ableiten zu können. Die Leistungseinheit wird dabei von $10\,kW_e$ bis $30\,MW_e$ bei den Dish-Stirling-Systemen und von 30 bis $200\,MW_e$ bei den Turm- und Rinnenanlagen variiert. Weitere wichtige Variationsparameter sind:

- die Solarstrahlung (1800 - 2500 kWh/m^2 a Direktstrahlung),

- der Energiepreis bei den konventionellen Systemen (z. B. leichtes Heizöl (HEL) 100 DM/t - 600 DM/t)

- und die Vollaststundenzahl (2000 - 8000 h/a).

Die Arbeitsschritte sind im einzelnen:

- Simulation der Stromerzeugung der solarthermischen Systeme mit dem Rechenprogramm SOLERGY in 15-Minuten-Zeitschritten mit den repräsentativen Wetterdaten aus dem Kapitel "Einstrahlungsverhältnisse" zur Berechnung der Jahresenergieerzeugung

- Ermittlung der Anlagen-, Betriebs- (incl. Brennstoffkosten) und Wartungskosten für solarthermische und konventionelle Kraftwerke; Abschätzung des zukünftigen technischen und ökonomischen Entwicklungspotentials

- Einheitliche Berechnung der mittleren Stromgestehungskosten nach der nominalen Barwertmethode aus den anlagenspezifischen Daten mit dem Rechenprogramm STERKO.

Vergütungsstrukturen für Solarstrom

Zur Beurteilung der Wirtschaftlichkeit müssen sowohl die Kosten, wie auch die Höhe des anlegbaren Wertes bzw. der erzielbaren Erlöse betrachtet werden. Die Analyse gliedert sich in vier Schritte:

- Untersuchung der verfügbaren Vergütungsstrukturen im Mittelmeerraum

- Analyse der vorhandenen Tarifstrukturen hinsichtlich ihrer Eignung als Basis für die Ableitung von Erlösstrukturen

- Ableitung von synthetischen Erlösstrukturen auf der Grundlage der erarbeiteten repräsentativen Stromverbrauchssstrukturen. Für die Vergütungsstrukturen wurde dabei analog zu den Laststrukturen jahreszeitlich in Sommer, Winter und Frühjahr/Herbst sowie tageszeitlich in Hoch-, Mittel- und Tiefpreisperioden unterschieden.

- Ermittlung der erzielbaren Erlöse solarthermischer Anlagen im Mittelmeerraum.

3 Grundlagen der Potentialermittlung

3.1 Rahmenbedingungen für die Energiewirtschaft

3.1.1 Übersicht

Für die Potentialermittlung solarthermischer Anlagen zur Stromerzeugung im Mittelmeerraum (MMR) werden demographische und wirtschaftliche Daten der 19 untersuchten Länder recherchiert und zusammengestellt. Die Staaten Ägypten, Algerien, Israel, Jordanien, Libanon, Libyen, Marokko, Syrien und Tunesien werden dem "MMR-Süd" zugeordnet, die Staaten Albanien, Frankreich, Griechenland, Italien, Jugoslawien, Malta, Portugal, Spanien, Türkei und Zypern dem "MMR-Nord".

Die Rahmenbedingungen für die Energiewirtschaft gliedern sich in die Bereiche:

- Demographische Rahmendaten

- Wirtschaftliche Rahmendaten

- Energiewirtschaftliche Rahmendaten

    oPrimär- und Endenergieverbrauch, Ressourcen

    oElektrizität: zentrale Stromversorgung

    oElektrizität: dezentrale Stromversorgung.

Außerdem ist ein Nord-Süd-Vergleich für ausgewählte Daten und ein Mittelwertevergleich für die 19 Länder dargestellt.

Aus Gründen der Fülle an Informationen und der Übersichtlichkeit wird das vorhandene Datenmaterial im Band II, Teil I in Form von jeweils 6 Datenblättern für jedes der 19 Länder und den gesamten MMR inclusive eines Vergleichs zwischen nördlichem und südlichem Teil des MMR geordnet. Die Werte sind in Tabelle 3.1.1 sowie in den nachfolgenden Abbildungen zusammengefaßt. (Der Wert Null kann auch bedeuten, daß Daten nicht vorliegen; das gewählte Bezugsjahr ist nicht immer einheitlich, die Mehrzahl der Werte bezieht sich auf die Jahre 1988 - 1990.)

Tab. 3.1.1a: Aktuelle Daten zur Energiewirtschaft der Länder des Mittelmeerraums

Kriterium: Land:	I	II	III	IV	V	VI	VII	VIII	IX	X	XI	XII	XIII
ÄGYPTEN	34470	664	5,7	49970	150	4,4	16,6	353,5	6,8	6,7	10,3	0	0
ALBANIEN	2500	796	5,8	0	0	0,0	0,0	32,5	10,3	1,5	13,0	0	0
ALGERIEN	64600	2833	3,5	24850	88	12,7	77,0	302,1	13,2	6,2	4,7	0	0
FRANKREICH	873370	15638	1,8	5534	0	0,0	0,0	2401,8	43,0	0,4	2,8	835	262
GRIECHENLAND	40900	4090	1,4	23514	49	7,0	32,1	230,4	23,0	2,5	5,6	230	0
ISRAEL	44960	9774	3,0	22495	0	0,0	0,0	100,7	21,9	1,4	2,2	121	0
ITALIEN	828850	14415	2,2	0	0	0,0	0,0	1736,5	30,2	-0,3	2,1	1175	194
JORDANIEN	4270	1084	4,2	5532	125	19,6	31,9	32,7	8,3	6,9	7,7	17	0
JUGOSLAWIEN	61710	2619	1,4	21684	34	6,4	17,6	591,0	25,1	3,1	9,6	126	37
LIBANON	6050	2138	0,0	499	8	0,0	0,0	30,2	10,7	3,4	5,0	0	0
LIBYEN	23000	5349	-2,6	0	0	0,0	0,0	132,5	30,8	4,8	5,8	0	0
MALTA	1123	2441	3,9	0	0	0,0	0,0	4,6	10,1	2,1	4,1	58	0
MAROKKO	21990	920	4,2	19923	112	6,5	25,1	66,6	2,8	2,4	3,0	52	0
PORTUGAL	41700	4010	0,8	17168	46	11,0	30,3	158,2	15,2	2,7	3,8	116	0
SPANIEN	340320	8726	2,5	0	0	0,0	0,0	860,5	22,1	1,5	2,5	548	30
SYRIEN	14950	1323	0,5	4890	25	2,6	21,1	122,8	10,9	4,1	8,2	32	0
TÜRKEI	64360	1228	5,3	39592	58	9,1	35,2	513,0	9,8	7,3	8,0	228	24
TUNESIEN	8750	1122	3,4	6672	69	11,5	25,5	45,1	5,8	5,6	5,2	0	0
ZYPERN	2039	2913	6,9	0	0	0,0	0,0	13,9	19,9	15,3	6,8	12	0
MMR GES Summen	2479912			242323				7728,5				3551	548
GES Mittel		6418	2,8		10	1,3	16,4		20,0	1,9	3,1		
MMR SÜD Summen	223040			134831				1186,1				223	0
NORD Summen	2256872			107492				6542,4				3270	548
MMR SÜD Proz.	9			56				15,3				6	0
NORD Proz.	91			44				84,7				94	100

I	Bruttoinlandsprodukt (BIP) [Mio. US-$]	VII	ges.langfr. Schuldend. [% der Exporte]
II	BIP/Kopf [US-$/EW]	VIII	Primärenergieverbrauch (PEV) [TWh/a]
III	jährl. BIP-Wachstum [% p.a.]	IX	PEV/Kopf [MWh/EW*a]
IV	gesamte Auslandsschulden [Mio. US-$]	X	PEV-Wachstum [% p.a.]
V	Auslandsschulden [% des BSP]	XI	PEV pro BIP [kWh/US-$]
VI	Ges. langfr. Schuldendienst [% des BSP]	XII	Öl- und Gasimporte: >Öl [TWh/a]
		XIII	>Gas [TWh/a]

Tab. 3.1.1b: Ausgewählte Daten zur Stromversorgung der 19 Länder

Kriterium: Land:	XIV	XV	XVI	XVII	XVIII	XIX	XX	XXI	XXII	XXIII	XXIV
ÄGYPTEN	35	676	8,0	29	10098	7353	2745	0	0	75	28500
ALBANIEN	3	1016	6,6	29	765	85	680	0	0	100	2500
ALGERIEN	13	586	9,4	13	3836	3551	285	0	0	75	3342
FRANKREICH	355	6362	5,4	44	101075	23512	24700	52863	0	98	11800
GRIECHENLAND	31	3070	4,1	39	8552	6387	2163	0	2	90	8700
ISRAEL	18	4009	4,9	54	4137	4137	0	0	0	95	1800
ITALIEN	221	3851	0,9	38	56403	36745	17879	1273	506	95	28500
JORDANIEN	3	792	18,4	28	987	980	7	0	0	90	600
JUGOSLAWIEN	81	3445	4,5	40	16150	7900	7000	650	600	85	1420
LIBANON	5	1640	14,3	45	819	573	246	0	0	0	850
LIBYEN	14	3316	16,7	32	2000	2000	0	0	0	80	1422
MALTA	1	2052	8,7	60	252	252	0	0	0	0	6
MAROKKO	9	369	5,4	39	1862	1305	557	0	0	50	5018
PORTUGAL	23	2207	4,0	43	6230	3199	3030	0	1	90	6280
SPANIEN	132	3375	2,7	45	36044	15112	14453	6479	0	95	28530
SYRIEN	7	622	9,3	17	2918	2091	827	0	0	88	5310
TÜRKEI	45	857	9,6	26	12493	7474	5004	0	15	85	21500
TUNESIEN	5	583	7,2	30	1414	1350	64	0	0	65	1400
ZYPERN	2	2160	5,6	32	389	389	0	0	0	90	940
MMR GES Summen	1003				266424	124395	79640	61265	1124		158418
GES Mittel		2524	4,5	38						85	
MMR SÜD Summen	109				28071	23340	4731	0	0		48242
NORD Summen	894				238353	101055	74909	61265	1124		110176
MMR SÜD Proz.	11				11	19	6	0	0		30
NORD Proz.	89				89	81	94	100	100		70

XIV	Stromerzeugung [TWh/a]	XIX	Kraftwerkskapazität [MW]: >thermisch
XV	Pro-Kopf-Stromerzeugung [kWh/EW*a]	XX	>hydro
XVI	durchschn. Wachstum der Stromerz. [% p.a.]	XXI	>nuklear
XVII	Anteil Stromerz. am PEV [Umr.fakt 0,34]	XXII	>geothermisch
XVIII	Kraftwerkskapazität gesamt [MW]	XXIII	Elektrifizierungsgrad [%]
		XXIV	Bewässerte Fläche [km**2]

3.1.2 Demographische Rahmendaten

Die Gesamtbevölkerung im MMR beträgt 386 Mio Einwohner (EW), die Gesamtfläche 9 Mio km^2 (Abb. 3.1.1). Dies entspricht einer mittleren Bevölkerungsdichte von 42,9 EW/km^2. 56,4 % der Bevölkerung lebt in den Ländern Italien, Frankreich, Türkei und Ägypten (jeweils zwischen 50 und 60 Mio EW).

Die größten zur Verfügung stehenden Flächen und die geringsten Bevölkerungsdichten (6,5 EW/km^2) sind in Algerien und Libyen zu finden. Beide Länder zusammen haben einen Flächenanteil von 46 % am MMR. Die durchschnittlichen Bevölkerungsdichten sind jedoch wenig aussagekräftig zur Ableitung des Bedarfs an zentraler und dezentraler Energieversorgung, weshalb der Verstädterungsgrad zusätzlich erfaßt wurde (Abb. 3.1.2). Albanien und Portugal haben stark ländlich geprägte Siedlungsstrukturen, während Malta und Israel sehr hohe Verstädterungsgrade und hohe Bevölkerungsdichten aufweisen.

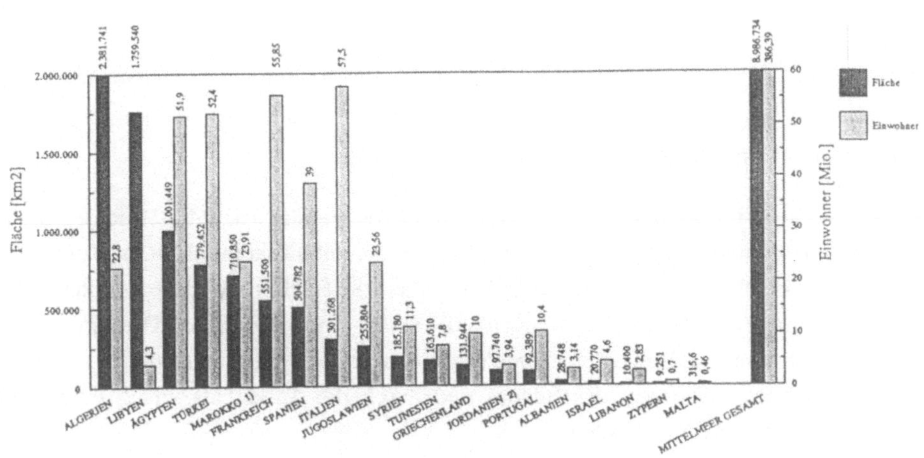

Mittelmeer Gesamtfläche:8,99 Mio. km2
Gesamtbevölkerung: 386 Mio. EW
1) einschl. Westsahara, 2) einschl. West-Bank

Abb. 3.1.1:   Bevölkerung und Fläche

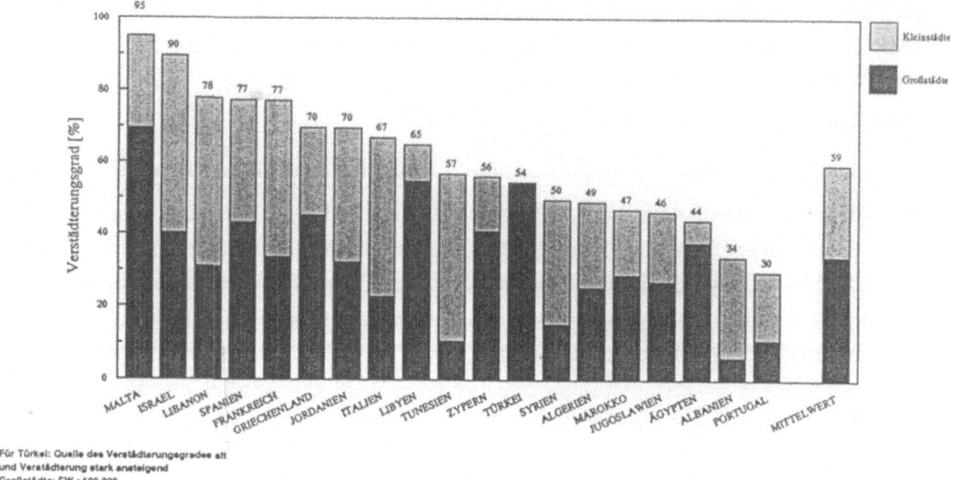

Abb. 3.1.2:   Verstädterungsgrad und Anteil der Bevölkerung in den Großstädten

3.1.3 Wirtschaftliche Rahmendaten

Das jährliche Bruttosozialprodukt (BSP) im MMR beträgt ca. 2400 Mio US $, das Bruttoinlandsprodukt (BIP) ca. 2500 Mio US $, bzw. durchschnittlich ca. 6400 US$/a je Einwohner. Frankreich, Italien und Spanien steuern 82 % zum BIP des gesamten MMR bei. Die vierte reiche Nation ist, bezogen auf das Pro-Kopf-BIP, Israel. Die Unterteilung des MMR in den wohlhabenden Norden und den armen Süden wird durch Israel und Libyen als reiche Nationen des Südens und durch die Türkei als wenig entwickelte Nation des Nordens durchbrochen.

Der Dienstleistungssektor hat mit 57 % den größten Anteil am BIP des MMR, gefolgt vom Industriesektor (28%). Die Analyse der Beschäftigungsstruktur zeigt, daß in Jugoslawien, Albanien und Malta über 45% der Beschäftigten in der Industrie tätig sind, während in den anderen Ländern der Anteil zwischen 35% und 18% beträgt. Der Beitrag der Landwirtschaft zum BIP ist mit nur 6 %, für den gesamten MMR gesehen, relativ gering. Für die Maghrebstaaten Algerien, Marokko und Tunesien sowie Ägypten, Albanien, Syrien und die Türkei liegt ihr Anteil aber zwischen 15 und 20 %. Der Anteil des Energiesektors am BIP spielt nur für die ölexportierenden Länder eine herausragende Rolle.

Ägypten ist das höchstverschuldete Land in der Region (50 Mrd. US $). Der Schulden-
dienst beträgt jedoch nur 4,4% am BIP. Durch einen langfristigen Schuldendienst erheblich belastet sind vor allem Jordanien (20 % des BSP), gefolgt von Algerien, Tunesien
und Portugal mit jeweils über 10 %.

Jordanien wird von eventuellen Energiepreissteigerungen am stärksten betroffen. Sein
Energieimportanteil beträgt ca. 10,9 % am BIP. Für die anderen Nationen liegt der Anteil
bei ca. 5 %.

3.1.4 Primärenergie

Der gesamte Primärenergieverbrauch (PEV) im MMR betrug im Jahr 1989 7729 TWh/a.
Frankreich hat mit 43 MWh/EW a den mit Abstand größten spezifischen PEV und kon-
sumiert damit ca. zweimal so viel pro Kopf wie die Bewohner des MMR im Durchschnitt
(20,0 MWh/EW a). Dies entspricht beispielsweise der 16-fachen Menge des Verbrauchs
der Bewohner Marokkos (2,8 MWh/EW a), die den geringsten spezifischen PEV haben.

Die großen Industrienationen konnten in der letzten Dekade ihren PEV teilweise vom
BIP entkoppeln. Dagegen verzeichnen die wirtschaftlich aufstrebenden Staaten einen
überproportionalen Zuwachs des PEV, insbesondere der PEV Zyperns wuchs in dieser
Zeit um 15,3 % p.a.

Die durchschnittliche Energieintensität (Energieverbrauch bezogen auf das BSP) im
MMR beträgt ca. 3 kWh/US $. Albanien, als Vertreter der Planwirtschaft, weist im Ver-
gleich zu den reichen Industrienationen mit 2,1 - 2,8 kWh/US $ einen rund fünffach
höheren Wert der Energieintensität (13,0 kWh/US $) auf.

Algerien, Jordanien, Libanon, Libyen, Syrien und Tunesien decken über 95 % ihres PEV
durch Öl und Gas (Abb. 3.1.3). Lediglich Frankreich (Kernenergie), Türkei (Wasserkraft)
und Jugoslawien (Kohle) haben einen Öl- und Gasanteil von weniger als 55 %.

53 % der insgesamt im MMR verbrauchten Energie wird importiert, zum Teil direkt aus
anderen Mittelmeerländern. 13 der 19 Länder sind Energieimportländer. Die großen
Industrienationen Frankreich, Italien und Spanien importieren zusammen 78 % der
gesamten Energieimporte aller Mittelmeerländer.

Die Länder Libyen, Algerien, Tunesien und Syrien besitzen große eigene Öl- und Gasreserven, die zur Deckung des Eigenbedarfs noch viele Jahrzehnte ausreichen. Die Nutzung
der Solarenergie ist hier also primär eine Frage der Ressourcenschonung und der Um-
weltentlastung (Abb. 3.1.4).

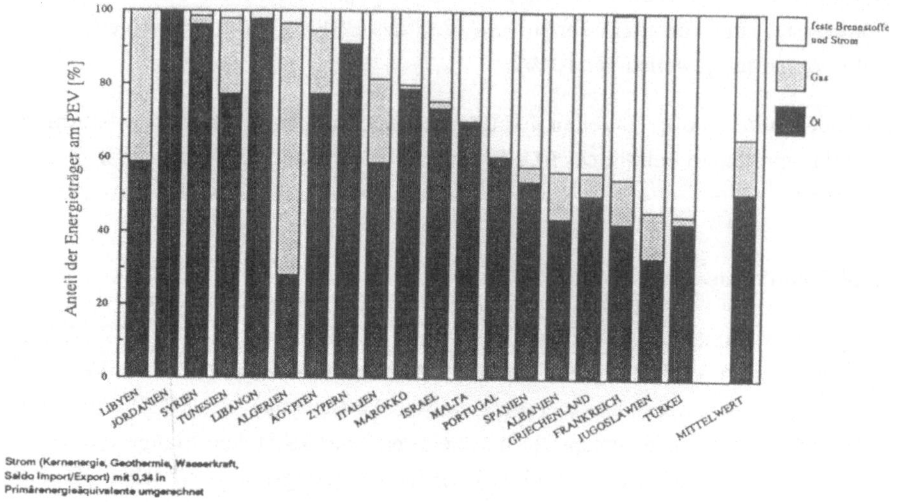

Abb. 3.1.3:   Struktur der Primärenergieträger
(ohne nichtkommerzielle Brennstoffe)

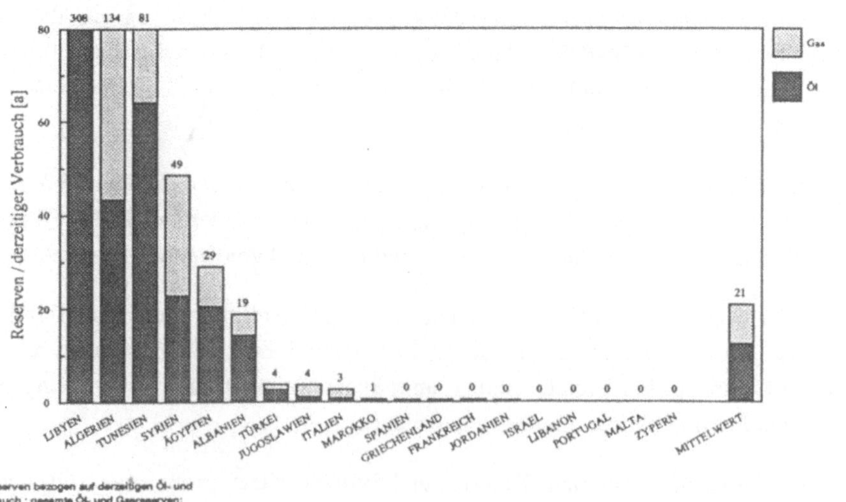

Abb. 3.1.4:   Statische Reichweite der sicher gewinnbaren Öl- und Gasreserven

3.1.5 Elektrizität

<u>Bestand an Kraftwerkskapazität</u>

Die installierte Kraftwerksleistung im MMR betrug 1990 269.000 MW, aus denen jährlich rund 1000 TWh Strom erzeugt werden. Die installierte Kraftwerkskapazität gliedert
sich auf in ca. 30 % Wasserkraftwerke, 22 % Kernkraftwerke, 19 % Ölkraftwerke, 18 %
Kohlekraftwerke, 11 % Gaskraftwerke und geringe Anteile an Geothermie.

Ungefähr neun Zehntel der Stromerzeugung entfallen auf den nördlichen MMR.

Frankreich ist mit 35 % Anteil (355 TWh/a) an den insgesamt erzeugten 1000 TWh/a im
MMR der mit Abstand größte Stromerzeuger und -verbraucher und produziert mehr
Strom als die 15 Mittelmeerländer mit den geringsten Stromerzeugungskapazitäten zusammen.

Eine Analyse der nationalen Kraftwerkparks zeigt, daß in sieben Ländern die installierten
Kraftwerkskapazitäten zu mindestens 90 % aus fossilen Kraftwerken bestehen. Sie erscheinen hinsichtlich der Integration solarthermischer Systeme zur Stromerzeugung besonders geeignet. Nur in Frankreich und Albanien liegt der Anteil fossiler Kraftwerke
unter 20 %. Die Türkei, Portugal und Albanien verfügen über 50 und mehr Prozent an
installierter Wasserkraftwerksleistung (Abb. 3.1.5).

Die ausschließlich in Italien und dem ehemaligen Jugoslawien installierten geothermischen Kraftwerke im MMR weisen mit knapp 5800 h/a die höchste jährliche Nennlaststundenzahl aller Kraftwerkstypen auf. Fossile Kraftwerke sind in einigen Ländern mit
über 5000 h/a ausgelastet, in Syrien, Portugal und insbesondere Frankreich hingegen mit
weniger als 2700 h/a. Wasserkraftwerke haben eine durchschnittliche Auslastung von
1000 - 3000 h/a, bei vorhandenen großen Speicherkraftwerken auch bis zu 5000 h/a
(Abb. 3.1.6).

Die durchschnittliche Stromerzeugung je Einwohner beträgt im MMR 2524 MWh/EW a
(Abb 3.1.7). Während Frankreich 6362 kWh/EW a produziert, gibt es acht Nationen des
Südens, deren jährliche Pro-Kopf-Stromerzeugung lediglich 369 - 1016 kWh/EW a beträgt.

Die Industrie ist mit 48 % der größte Stromverbraucher im MMR, gefolgt von den privaten Haushalten mit 29 %. Von den 14 Nationen, für die Daten verfügbar sind, ist der Industrieanteil in Algerien mit 64 % am höchsten, in Malta mit 26 % am niedrigsten.

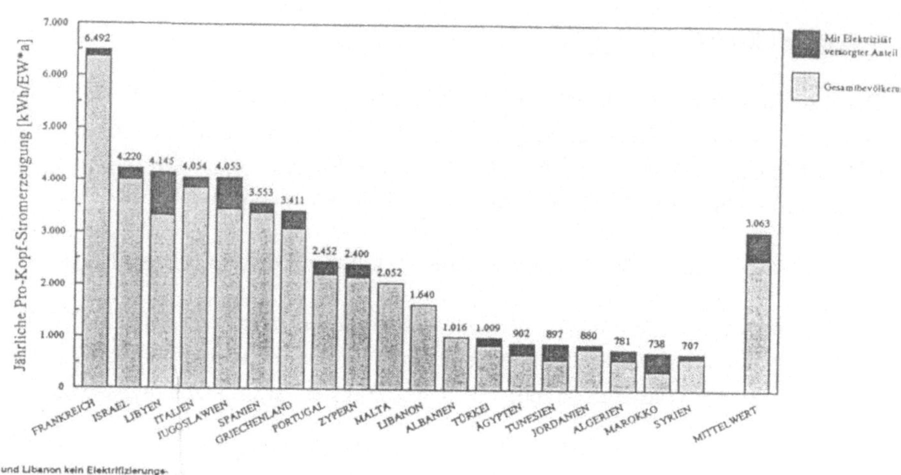

Abb. 3.1.5: Jährliche Pro-Kopf-Stromerzeugung
(bezogen auf die Gesamtbevölkerung und den mit Elektrizität versorgten Anteil)

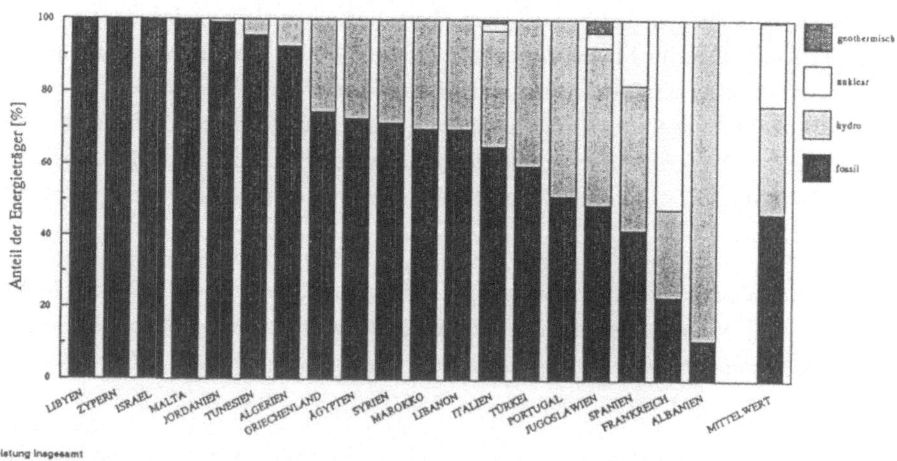

Abb. 3.1.6: Struktur der nationalen Kraftwerkparks (Verbundnetze)

16

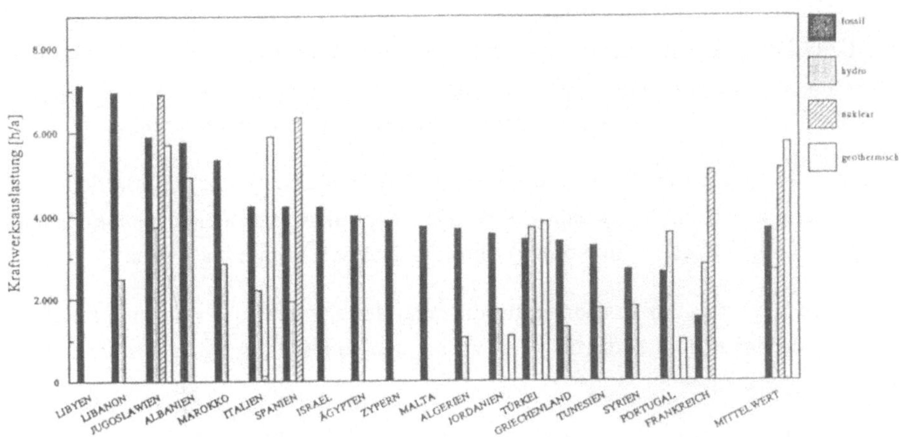

Abb. 3.1.7:   Kraftwerksauslastung nach Energieträgern

Bedarf an Kraftwerkskapazität

Die rasch wachsende Bevölkerung und das notwendige Wirtschaftswachstum im Süden sowie der Ersatz fossil gefeuerter Kraftwerke im Norden, bestimmen den zukünftigen Bedarf an Kraftwerken.

Die zukünftige jährliche Stromerzeugung bzw. die daraus abgeleiteten Kraftwerksleistungen für die Jahre 2005 und 2025 werden in zeitlich abgestuften Schritten auf der Basis der aktuellen Erzeugung bzw. Leistungen ermittelt. Für die Jahre 1990 - 1995 werden die Stromzuwachsraten entsprechend den Literaturangaben für die Wachstumsprognosen in den einzelnen Ländern bzw. nach Angaben der Elektrizitätsversorgungsunternehmen angenommen. Für die Länder für die keine Prognose vorhanden ist, werden die Steigerungsraten der Vergangenheit (in der Regel die letzten zehn Jahre bis 1990) fortgeschrieben und ab 1995 wie unten beschrieben festgelegt.

Für die längerfristige Entwicklung wird von einem im Vergleich zu anderen Untersuchungen moderatem Wachstum ausgegangen. Die daraus resultierenden Potentiale solarthermischer Kraftwerke können daher als konservative Einschätzung bezeichnet werden. Die Zuwachsraten wurden auch deshalb relativ niedrig angesetzt, um zum Ausdruck zu bringen, daß der rationellen Energieverwendung im Stromsektor im Mittelmeerraum zukünftig große Bedeutung beigemessen wird. Es wird angenommen, daß sich ab 1995 die Zuwachsraten alle fünf Jahre bis zum Jahr 2010 halbieren. Ab 2015 wird die zuletzt vorhandene Zuwachsrate bis 2025 fortgeschrieben.

Als Kriterium zur Bewertung der solarthermischen Potentiale werden die Stromerzeugung und die installierte Kraftwerkskapazität im jeweiligen Bezugsjahr herangezogen (Tabelle 3.1.2). Sie bilden die Basis für die Ermittlung von Verhältniszahlen.

Während 1990 noch 89,6 % der installierten Kraftwerkskapazität im nördlichen MMR stand, werden es - bedingt durch die höheren Stromzuwachsraten im südlichen MMR (Faktor 2,3 gegenüber 1,4 im Norden) - im Jahr 2025 noch rund 84 % sein.

In Tabelle 3.1.3 sind die Basisdaten für die zentralen Systeme des gesamten MMR sowie für den nördlichen und südlichen Teil zusammengefaßt. Es werden jeweils 3 Bezugswerte ausgewiesen:

- die installierte Kraftwerksleistung aller Länder des betrachteten Gebietes

- die Kraftwerksleistung der Länder, die hinsichtlich ihres Direktstrahlungsangebots prinzipiell für solarthermische Stromerzeugung geeignet sind (sog. "solar geeignete Länder"

- die Jahreshöchstlast

Zwölf Länder des MMR planen, ihren derzeitigen Anteil an Wasserkraftwerken auszubauen, wobei insbesondere die Türkei, Portugal und Syrien ehrgeizige Pläne haben (Abb. 3.1.8). Während drei Nationen (Türkei, Portugal, Jugoslawien) ihre Stromerzeugung durch Wasserkraft zu 100 % decken könnten, haben vier Länder (Malta, Libyen, Israel, Zypern) keinerlei Wasserkraftpotentiale sowie zwei weitere (Tunesien, Jordanien) kaum nennenswerte.

Die Kraftwerkskapazität nimmt von 269 GW (1990) um ca. 35 % auf 376 GW bis zum Jahr 2005 und um ca. 50 % auf 410 GW bis zum Jahr 2025 zu. Für den gesamten Mittelmeerraum ergibt sich danach eine Steigerung der Stromerzeugung von heute 1012 TWh/a auf 1368 TWh/a bis 2005 bzw. 1494 TWh/a bis 2025 (Abb. 3.1.9, 3.1.10). Die zugrunde gelegten Vollaststundenzahlen sind dabei für jedes Land konstant gehalten. Der relativ moderate Anstieg ist bedingt durch die niedrigen Steigerungsraten der großen Stromverbraucherländer Frankreich, Italien und Spanien (zwischen 11 und 29 % bis 2025). Eine detaillierte Betrachtung zeigt jedoch, daß sich für Länder wie Algerien, Libanon, Libyen und Türkei Zuwächse in der Stromerzeugung um das Dreifache ergeben.

Tabelle 3.1.2. Basisdaten Stromerzeugung und Kraftwerkskapazität im MMR

Länder	1990 Strom-erzeugung TWh/a	1990 Kraftwerks-kapazität MW	2005 Strom-erzeugung TWh/a	2005 Kraftwerks-kapazität MW	2025 Strom-erzeugung TWh/a	2025 Kraftwerks-kapazität MW
Ägypten	35,1	10098	58,7	16888	68,1	19592
Albanien	3,2	765	5,6	1343	6,6	1583
Algerien	13,4	3836	33,9	9741	44,7	12844
Frankreich	355,3	101075	431,9	122866	456,9	129978
Griechenland	30,7	8552	43	11978	47,4	13204
Israel	18,4	4137	28,1	6304	31,7	7112
Italien	221,4	56403	239,5	61014	245	62415
Jordanien	3,1	987	4,8	1223	5,5	1401
Jugoslawien	81,2	16150	119,6	38079	133,7	42568
Libanon	4,6	819	10,8	1923	13,8	2457
Libyen	14,3	2000	33,2	4643	42,5	5944
Marokko	8,8	1862	16	3385	19,1	4041
Portugal	23,0	6230	35,3	9562	39,9	10808
Spanien	131,6	36044	166,3	45548	177,9	48725
Syrien	7,0	2918	15,4	6420	19,5	8129
Tunesien	4,5	1414	8,1	2545	9,5	2985
Türkei	44,9	12493	101,1	28121	113	31454
Inseln	12,0	2912	16,9	4106	19,1	4630
Nord MMR	903,3	240624	1159,2	322617	1239,5	345365
Süd MMR	109,2	28071	209,0	53072	254,4	64505
Gesamt	1012,5	268695	1368,2	375689	1493,9	409870

Stromerzeugung und Kraftwerkskapazität bezogen auf 1990

Länder	1990 Faktor	2005 Faktor	2025 Faktor	1990/2005/2025 Vollaststunden
Ägypten	1,00	1,67	1,94	3476
Albanien	1,00	1,76	2,07	4170
Algerien	1,00	2,54	3,35	3480
Frankreich	1,00	1,22	1,29	3515
Griechenland	1,00	1,40	1,54	3590
Israel	1,00	1,52	1,72	4457
Italien	1,00	1,08	1,11	3925
Jordanien	1,00	1,55	1,77	3141
Jugoslawien	1,00	1,47	1,65	5028
Libanon	1,00	2,35	3,00	5617
Libyen	1,00	2,32	2,97	7150
Marokko	1,00	1,82	2,17	4726
Portugal	1,00	1,53	1,73	3692
Spanien	1,00	1,26	1,35	3651
Syrien	1,00	2,20	2,79	2399
Tunesien	1,00	1,80	2,11	3182
Türkei	1,00	2,25	2,52	3594
Inseln	1,00	1,41	1,59	4121
Nord MMR	1,00	1,28	1,37	3754
Süd MMR	1,00	1,91	2,33	3890
Gesamt	1,00	1,35	1,48	3768

Die installierte Kraftwerksleistung (Zeile 1) aller Mittelmeerländer ist hauptsächlich für die Bewertung eines Verbundnetzes im gesamten Mittelmeerraum von Bedeutung. Die 2. Zeile zeigt die installierte Leistung der Mittelmeerländer, die hinsichtlich ihres Direktstrahlungsangebotes prinzipiell für die solarthermische Stromerzeugung geeignet sind; also ohne Albanien, Frankreich und das ehemalige Jugoslawien. Die jeweilige Jahreshöchstlast (Zeile 3) ist entsprechend der angenommenen Stromnachfrage ermittelt. Sie ist als Bezugswert zur Beurteilung der ausgewiesenen solarthermischen Potentiale (siehe Kap. 4) am besten geeignet, da diese jeweils ohne Berücksichtigung von Reservekapazitäten ermittelt werden.

Bei der länderspezifischen Darstellung ist davon ausgegangen worden, daß ein grenzüberschreitender Austausch an Strom nicht stattfindet. Bei der Darstellung der Potentiale für die Verbundnetze ist angenommen, daß innerhalb der betrachteten Region ein (verlustloser) Stromaustausch in unbegrenzter Höhe stattfinden kann. Dies ist für den nörlichen MMR heute schon in begrenztem Umfang der Fall, für den südlichen MMR bzw. für den gesamten MMR wird dies erst langfristig zu verwirklichen sein. Deshalb werden die Verbundnetzvarianten nur für das Jahr 2025 betrachtet.

Tabelle 3.1.3.   Installierte Kraftwerkskapazität im MMR

	Länderspezifische Betrachtung		
GWe	1990	2000	2025
Installierte Leistung: (1) Gesamt: (2) Nur solar geeignete Länder: (3) Höchstlast (von Zeile 2)	269 151 97	376 213 145	410 236 169
Nördlicher Mittelmeeraum einschließlich Inseln			
Installierte Leistung: (1) Gesamt: (2) Nur solar geeignete Länder: (3) Höchstlast (von Zeile 2)	241 123 79	323 161 111	345 171 128
Südlicher Mittelmeerraum			
Installierte Leistung: (1) Gesamt: (2) Nur solar geeignete Länder (3) Höchstlast von (von Zeile 2)	28 28 18	53 53 34	65 65 41

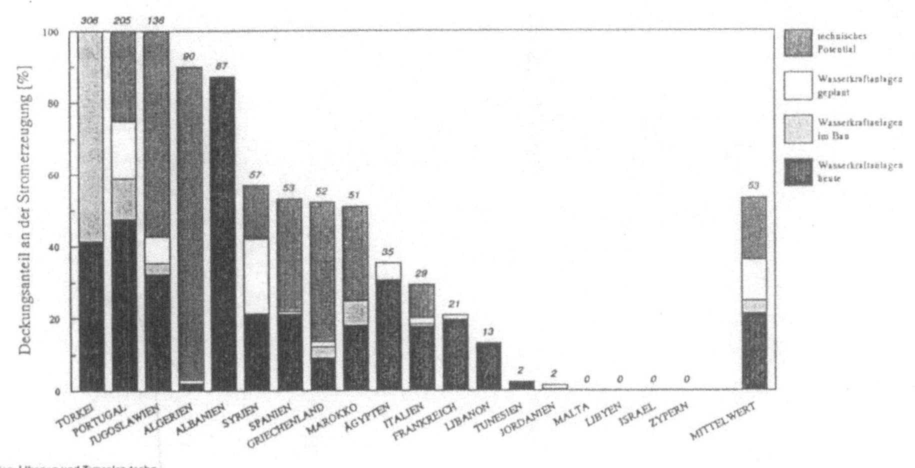

Abb. 3.1.8:   Heutige und zukünftige Anteile der Wasserkraft an der Stromerzeugung

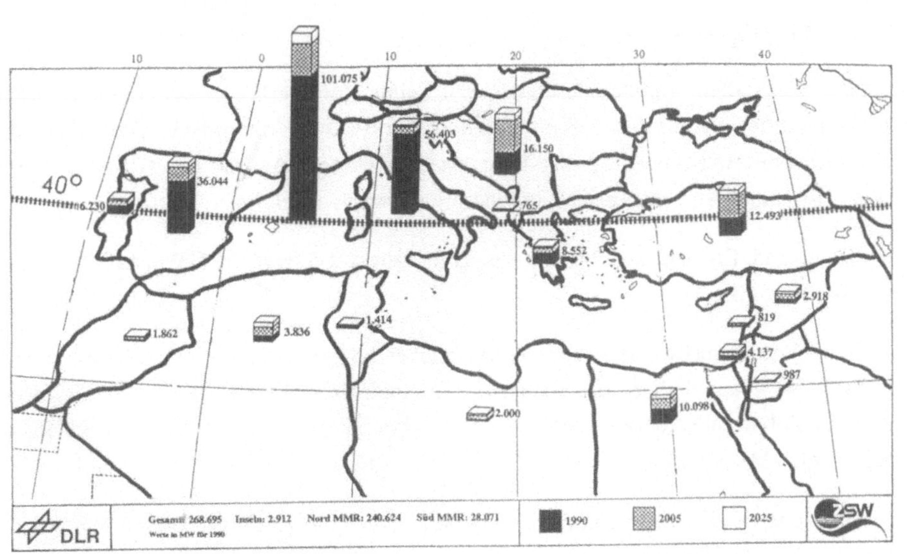

Abb. 3.1.9:   Kraftwerkskapazität im Mittelmeerraum

21

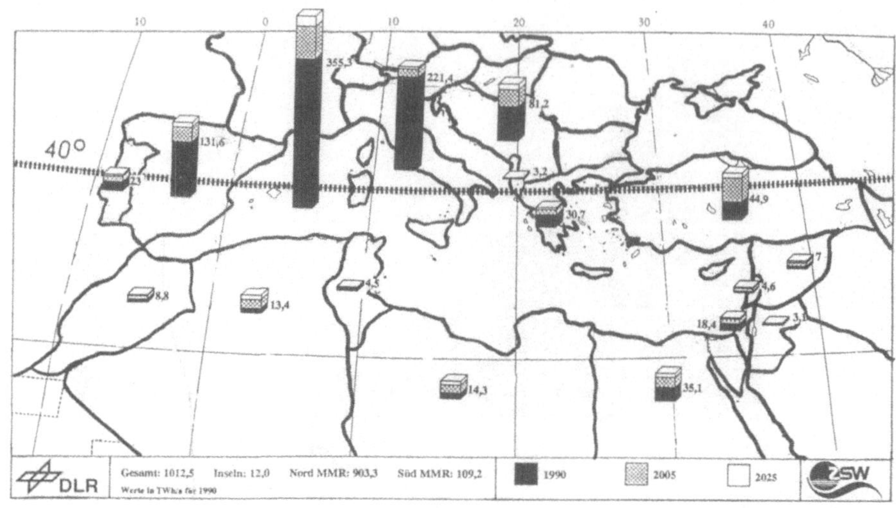

Abb. 3.1.10:   Stromerzeugung im Mittelmeerraum

<u>Zubau und Ersatzbedarf</u>

Der Kraftwerkszubau und der Ersatzbedarf fossiler Kraftwerke im solargeeigneten Mittelmeerraum, der gleichzeitig den potentiellen Markt für solarthermische Kraftwerke darstellt, wird unter der Annahme bestimmt, daß der weitere Ausbau der Wasserkraft vorrangig erfolgt und der Beitrag der Kernenergie unverändert bleibt.

Der Zubau und Ersatzbedarf beträgt bis zum Jahr 2005 rund 90 GW_e, bis 2025 rund 190 GW_e. (Tab. 3.1.4).

Zwei Drittel des "Kraftwerksmarktes" der nächsten 35 Jahre entfallen auf den Norden. Er besteht zu 80 % aus dem Kraftwerksersatz. Im südlichen MMR dominiert zunächst eindeutig der Zubau, über den ganzen Zeitraum halten sich Zubau und Ersatz ungefähr die Waage (vgl. Abb. 3.1.11.)

Zur Ermittlung des Ersatzpotentials für das Jahr 2005 ist davon ausgegangen worden, daß bis dahin die Hälfte des heute installierten Kraftwerkparks (mittlere Lebensdauer 30 Jahre) abzüglich der Wasserkraftwerke erneuert werden muß, was prinzipiell mit solarthermischen Anlagen möglich ist.

Tab. 3.1.4   Installierte Kraftwerkskapazität sowie Zubaupotential und
Ersatzpotential für fossile Kraftwerke im solargeeigneten MMR

GW_e	1990	2005	2025
Installierte Kraftwerkskapazität - im gesamten MMR - im solargeeigneten MMR[1] gilt o davon Wasserkraft und Geothermie	269 151 48	376 213 73	410 236 75
GW_e	1990-2005	2005-2025	1990-2025
Zubaupotential und Ersatzpotential für fossile Kraftwerke im solargeeigneten MMR	90	100	190
Zubaupotential für Wasserkraftwerke im solargeeigneten MMR	25	2	27
1) ohne die Länder Frankreich, Albanien, das ehemalige Jugoslawien.			

Das Zubaupotential wird berechnet, indem die Kraftwerkskapazität im Jahr 2005 um die
des Jahres 1990 vermindert wird. Darüberhinaus werden alle im Bau befindlichen oder
geplanten Wasserkraftanlagen abgezogen, da durch solarthermische Anlagen die re-
generative Ressource Wasserkraft nicht verdrängt werden soll.

Die Ermittlung des Ersatzpotentials für das Jahr 2025 erfolgt analog dem Vorgehen für
das Jahr 2005. Es ist jedoch zu beachten, daß bis zum Jahr 2025 ein Teil des Zubaupo-
tentiales bis zum Jahr 2005 ebenfalls ersetzt werden muß (rund 1/3).

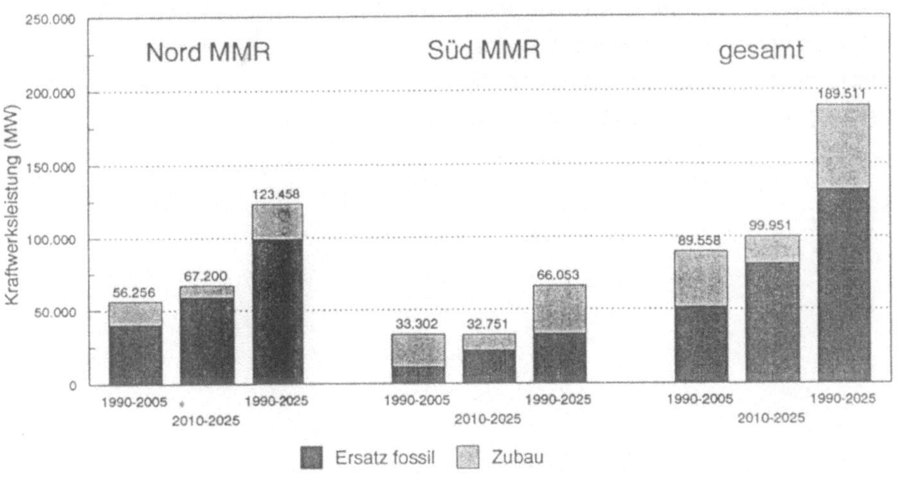

Abb. 3.1.11:   Zubau- und Ersatzpotential fossiler Kraftwerke

<u>Dezentrale Stromversorgung</u>

Auf den Inseln (Ägäische Inseln, Balearen, Kanaren, Kreta, Malta und Zypern) sind heute insgesamt 2,9 GW installiert, dies entspricht einer Stromerzeugung von 12,0 TWh/a. Bis zum Jahr 2025 steigen beide Größen auf das 1,6-fache.

Fast alle Nationen des MMR haben einen Elektrifizierungsgrad von über 80 %. Einen relativ niedrigen Elektrifizierungsgrad weist insbesondere Marokko (ca. 50 %, mit aber stark zunehmender Tendenz) auf; in Marokko leben insgesamt 12 Millionen Menschen ohne Stromversorgung. Es ist zu beachten, daß der Elektrifizierungsgrad in ländlichen Gebieten beträchtlich unter dem in den Städten liegt. Der mittlere spezifische Stromverbrauch im MMR beträgt 2524 kWh/EW a; bezieht man den Stromverbrauch je Einwohner auf die mit Strom versorgte Bevölkerung ergibt sich unter Berücksichtigung der jeweiligen Elektrifizierungsgrade ein Stromverbrauch von 3063 kWh/EW a (vgl. Abb. 3.1.7). Strebt man eine 100%ige Versorgung im MMR an, müßten in den Gebieten ohne Stromversorgung die Einwohner in Zukunft mit mindestens 260 W/EW an installierter Leistung versorgt werden. Mit einer angenommenen Auslastung der Kraftwerke von ca. 3400 Nennlaststunden bedeutet dies eine jährliche Energiemenge von 880 kWh/EW a. Insgesamt ergäbe sich auf der Basis dieser Daten im MMR ein zusätzlicher Leistungsbedarf von ca. 22.000 MW. Dieser wäre überwiegend durch dezentrale Anlagen bereitzustellen, wenn kein weiterer Ausbau der nationalen Verbundnetze verwirklicht wird.

Da dezentrale Stromversorgungssysteme u.a. auch für Bewässerungsanlagen eingesetzt werden können, wurde die bewässerte Fläche im MMR bestimmt. Von den insgesamt 150.000 km^2 an bewässerten Flächen sind insbesondere die in den einstrahlungsreicheren südlichen Ländern gelegenen Flächen (Anteil ca. 70%) für den Einsatz von dezentralen Bewässerungssystemen geeignet (Abb. 3.1.12).

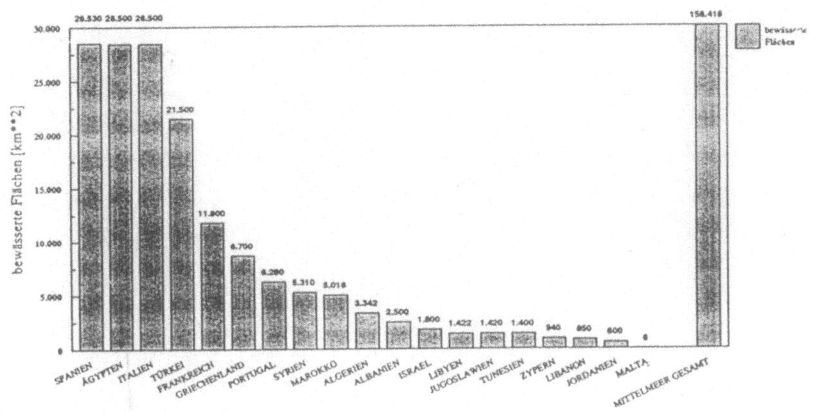

Abb. 3.1.12:   Bewässerte Flächen

3.1.6 Nord-Süd-Vergleich für ausgewählte Daten

Ein Nord-Süd-Vergleich des MMR zeigt, daß der Süden über 70 % der Landflächen verfügt, aber nur 37 % der Einwohner dort leben (Abb. 3.1.13). Noch deutlicher ist der Unterschied bezüglich des BSP, von dem mehr als 90 % im Norden erwirtschaftet wird. Zwar entfallen nur ca. 50 % der Auslandsschulden des MMR auf den Süden, im Bezug auf das BSP ist der Anteil der Schulden aber gravierend. Der gesamte PEV des MMR wird ebenso wie der Stromsektor durch den Norden bestimmt, bei den Energiereserven jedoch verfügt der Süden über 90 % aller Öl- und Gasreserven, während der Norden mehr als 95 % der Kohlereserven und der Wasserkraftpotentiale besitzt. 90 % des in die einzelnen Länder importierten Öles und Gases wird von Ländern im Norden eingeführt.

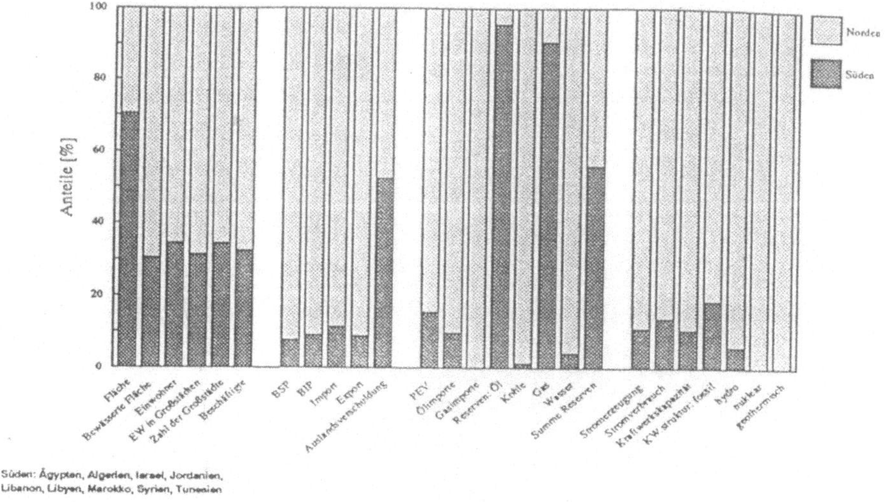

Abb. 3.1.13:   Nord-Süd Vergleich des Mittelmeerraums

3.1.7 Mittelwertevergleich solargeeigneter / aller Länder

Die Auswertung der Strahlungsdaten zeigt, daß vier Staaten des Nordens nicht, bzw. nur eingeschränkt als Standort für solarthermische Anlagen in Frage kommen. Nicht mehr erfaßt sind damit Albanien, Frankreich, das ehemalige Jugoslawien und - da nur ein sehr kleiner Teil zu den solarthermisch geeigneten Flächen zählt - in diesem Vergleich auch Italien. Deshalb werden nachträglich die Mittelwerte des gesamten MMR (19 Länder) mit denen der 15 Länder verglichen, deren Einstrahlungsverhältnisse den Einsatz solarthermischer Anlagen erlauben (sogenannte solar geeignete Länder). Die wichtigsten Unterschiede werden im folgenden aufgezählt (Tab. 3.1.5):

- Die Wirtschaftskraft der solargeeigneten Länder ist im Durchschnitt erheblich geringer. So beträgt das Pro-Kopf-BIP nur noch 2900 US $/EW a, also noch 45 % des Wertes aller 19 Länder.

- Der Anteil der Auslandsschulden am BSP erhöht sich von 9 % auf 32 %, der Anteil des langfristigen Schuldendienstes am BSP von 1,3 % auf 12,2 %.

- Der spezifische PEV der solar geeigneten Länder ist mit 12 MWh/EW a um 40 % niedriger, die Energieintensität um 30 %. Das Öl spielt zwar mit 56 % Anteil am PEV nur eine geringfügig größere Rolle, dafür haben sich die statischen Reichweiten der Reserven mit 36 Jahren beim Öl und 101 Jahre beim Erdgas mehr als verdoppelt.

Tab. 3.1.5   Vergleich der Mittelwerte 15 / 19 Länder

Abb.	Kriterium	Einheit	15 Länder MMR ges	15 Länder MI.WE	19 Länder MMR ges	19 Länder MI.WE	VERHÄLTNIS 15/19 Lä
4.2	Bevölkerungsdichte	EW/km2		31,383		43	0,73
4.3	Bevölkerungswachstu	%/a		2,0732		1,4984	1,38
4.5	Gebietsfl.:Ackerlan	%		10,74		13,906	0,77
	Dauerwiesen	%		16,984		17,571	0,97
	Wald	%		6,2356		9,0626	0,69
	Sonstige	%		66,037		59,494	1,11
4.7	BIP	Mio. US-$	713482		2E+06		0,29
	Einwohner	Mio. EW	246,34		386,39		0,64
	BIP/Kopf	US-$/EW		2896,3		6418,2	0,45
4.8	sekt. BIP: Industri	%		32,959		31,901	1,03
	Landw.	%		9,6149		5,8699	1,64
	Dienstl.	%		44,855		56,833	0,79
	Energie	%		4,0057		2,5959	1,54
	Sonstige	%		8,6262		2,8004	3,08
4.9	Sekt. Besch.: Ind.	%		25,636		28,596	0,90
	Landw.	%		34,366		25,736	1,34
	Dienstl.	%		38,035		44,382	0,86
	Sonstige	%		1,9471		1,3315	1,46
4.11	Auslansschulden/BSP	%		32,003		9,1541	3,50
	lang.Schu.die./BSP	%		12,18		1,2591	9,67
	Auslandsschulden	Mio. US-$	215105		242323		0,89
	BSP	Mio. US-$	672139		2E+06		0,28
	langfr. Schuldendie	Mio. US-$	26200		30237		0,87
4.12	PEV/Kopf	MWh/EW a		12,043		20	0,60
4.14	PEV	TWh/a	2966,7		7728,5		0,38
	PEV/BIP	kWh/US-$		4,1581		3,1164	1,33
4.15	PE Träger:>flüssig	%		56,809		51,026	1,11
	>gasförmig	%		13,289		14,873	0,89
	Sonstige	%		29,653		33,919	0,87
	davon: >fest	%		19,021		15,489	1,23
	>nuklear	%		3,8577		10,895	0,35
	>hydro	%		6,3593		8,2377	0,77
	>Saldo	%		0,4148		-0,702	-0,59
4.16	Stat. Reichweite:Öl	a		35,9		15,866	2,26
	Gas	a		100,79		37,697	2,67
4.17	Stromerzeugung	TWh/a	341,98		1003,1		0,34
	Stromverbrauch	TWh/a	121,3		462,9		0,26
	Differenz	TWh/a	220,68		540,17		0,41
	Effizienz	%		75,968		77,65	0,98
4.18	Pro-Kopf-Stromerzeu	kWH/EW a		1388,2		2524,1	0,55
4.19	Wachstum d. Stromer	%/a		5,9393		4,5304	1,31
4.20	Verh. Strom/PEV-Wac	[ ]		1,407		2,3588	0,60
4.22	Sekt. Stromver.:Ind	%		52,003		47,68	1,09
	Transport	%		1,4527		2,4209	0,60
	Hand/öff. Dienst	%		16,211		19,006	0,85
	priv. Haush.	%		26,339		28,626	0,92
	Sonstiges	%		3,9584		2,2273	1,78
4.23	KW-Kapazität	MW	92031		266424		0,35
	>thermisch	MW	56153		124395		0,45
	>hydro	MW	29381		79640		0,37
	>nuklear	MW	6479		61265		0,11
	>geothermisch	MW	18,3		1124,3		0,02
	>thermisch	%		61,015		46,691	1,31
	>hydro	%		31,925		29,892	1,07
	>nuklear	%		7,04		22,995	0,31
	>geothermisch	%		0,0199		0,422	0,05
4.25	KW.Auslast.:>thermi	h/a		3934,8		3696	1,06
	>hydro	h/a		2560,9		2686,3	0,95
	>nuklear	h/a		6368		5139	1,24
	>geothermisch	h/a		3242,3		5757,4	0,56
4.26	Pro-Kopf-KW.Leistun	W/EW		373,59		689,52	0,54
4.28	Elektrifizierungsgr	%		79,13		84,747	0,93
4.29	Bev. ohne Strom	Mio. EW	51,41		58,936		0,87
	Elektrifizierungsgr	%		53,449		62,432	0,86
4.30	Pro-Kopf-KW.Leistun	W/EW		472,12		792,67	0,60
4.31	spez. Stromerzeugun	kWH/EW a		1754,4		3063,3	0,57
4.32	Zusätz. inst. Leist	MW	14281		22162		0,64
	Zusätz. prod. Strom	TWh/a	54,245		87,474		0,62
4.33	bewässerte Fläche	km2	114198		158418		0,72

- Für die Stromversorgung stellen sich vor allem aufgrund der Nichtberücksichtigung von Frankreich die Mittelwerte sehr unterschiedlich dar: Für den zentralen Sektor beträgt die Pro-Kopf-Stromerzeugung mit 1388 kWh/EW a nur noch 55 % des Vergleichswertes für alle Länder, die pro Kopf installierte Kapazität sinkt von 690 W/EW auf 374 W/EW. Der Anteil der thermischen Kraftwerke an der Stromerzeugung ist mit 61 % um ca. 30 % höher als für den gesamten MMR.

- Auch im Zusammenhang mit der dezentralen Stromversorgung ergeben sich einige gravierende Unterschiede im Mittelwert. Der Elektrifizierungsgrad liegt um ca. 7 % unter dem aller 19 Nationen. Die zusätzlich zu installierende Kraftwerksleistung reduziert sich um ca. 36 % auf insgesamt rund 14.000 MW, die jährlich zusätzlich zu erzeugende Elektrizität um 38 % auf 54 TWh/a.

3.2   Solares Strahlungsangebot

3.2.1 Übersicht

Die Analyse der Einstrahlungsverhältnisse im Mittelmeerraum basiert auf Meteosatdaten der Jahre 1985 und 1986. Zur Verfügung stehen Bildauswertungen mit Monatsmittelwerten für ein Fenster, das den gesamten Mittelmeerraum abdeckt. Lediglich der äußerste Westen (Westsahara) ist nicht erfaßt. Die Bilder haben eine Auflösung von 0,5° x 0,5° (Längen- x Breitengrad). Daraus ergeben sich für die Landfläche des Mittelmeerraums 3346 Gitterpunkte. Jeder Gitterpunkt repräsentiert eine Fläche von ca. 2000 bis 2900 km^2, je nach geographischer Breite. Die Meteosatdaten ermöglichen erstmalig eine flächendeckende Analyse der Einstrahlungsverhältnisse einer ganzen Region. Andere Quellen wie der Europäische Solarstrahlungsatlas, Daten des Deutschen Wetterdienstes (DWD), Testreferenzjahre u.a. werden zum Vergleich und zur Bewertung der Meteosatdaten herangezogen.

Die arithmetischen Mittelwerte der Jahressummen für 1985 und 1986 werden berechnet und in 10 Klassen eingeteilt (Tab. 3.2.1) sowie ihre Häufigkeitsverteilung ermittelt. Da die Nutzung solarthermischer Stromerzeugungsanlagen bei Einstrahlungen unter 1700 kWh/m^2 a Globalstrahlung (Klassen 1 und 2) nur bedingt möglich ist, werden nur Regionen analysiert, welche die Klassen 3 - 10 aufweisen. 70 % der Landfläche des Mittelmeerraums weisen Einstrahlungswerte über 1700 kWh/m^2 a auf, 30 % liegen darunter. Die durch die kleiner werdenden Abstände der Längengrade nach Norden hin entstehende Abweichung der Werteverteilung und der Flächenverteilung liegt in der Größenordnung von 3 Prozentpunkten für den gesamten Mittelmeerraum.

Tab 3.2.1:   Häufigkeiten der Globalstrahlungsklassen und zugehörige Fläche

Klasse	Anzahl Werte	Anteil Werte [%]	Fläche [Mio km^2]	Anteil Fläche [%]	Anteil Fläche [%]	Anteil Fläche [%]
0	660	19,73%	1,485	17,05%		
1	205	6,13%	0,488	5,60%	30,08%	
2	262	7,83%	0,647	7,43%		
3	397	11,86%	1,028	11,81%		16,89%
4	480	14,35%	1,296	14,88%		21,28%
5	450	13,45%	1,238	14,21%		20,32%
6	445	13,30%	1,255	14,41%	69,92%	20,61%
7	304	9,09%	0,860	9,88%		14,13%
8	124	3,71%	0,357	4,10%		5,87%
9	18	0,54%	0,052	0,60%		0,85%
10	1	0,03%	0,003	0,03%		0,05%
	3346	100,00%	8,709	100,00%		100,00%

3.2.2 Statistische Auswertung der Strahlungsdaten

Die Min/Max-Auswertung (Abb. 3.2.1) der Jahressummen zeigt deutlich die Korrelation zwischen Einstrahlung und Breitengrad, d. h. die von Süden nach Norden abnehmenden Einstrahlungswerte. Gleichzeitig erkennt man, daß die Bandbreite der Einstrahlungswerte im Süden größer ist und bis zu 500 kWh/m^2 a betragen kann.

Eine geographische Darstellung des Untersuchungsraums ist in Abb. 3.2.2 a, b in Form einer Längen-/Breitengrad-Matrix mit Angabe der Einstrahlungsklassen im 0,5° x 0,5°-Raster wiedergegeben. Die Abbildung zeigt, daß für den überwiegenden Teil der nördlichen Mittelmeerländer die Einstrahlungswerte unter 1700 kWh/m^2 a liegen (Klassen 1 und 2). Einstrahlungwerte der Klasse 3 werden an der Algarve, in Südspanien, auf den Balearen, auf Sizilien, im Süden Griechenlands und der Türkei erreicht, die höchsten Einstrahlungswerte (Klasse 4) auf dem europäischen Festland sind auf der Südspitze Spaniens und an der Südküste der Türkei anzutreffen. Die besten Solarstrahlungswerte des gesamten nördlichen Mittelmeerraumes findet man auf Zypern (Klassen 4 und 5). Der Küstenstreifen Nordafrikas und der Nahost-Länder weisen überwiegend Einstrahlungswerte der Klassen 3 und 4 auf, zum Teil auch noch 5, während 6 nur in Einzelfällen vorkommt. Die Nahost-Länder liegen tendenziell etwas besser. In den küstenfernen Gebieten Nordafrikas liegen die Einstrahlungen im Durchschnitt deutlich über 2000 kWh/m^2 a (Klasse 6 und höher). Die Spitzenwerte über 2200 kWh/m^2 a (Klasse 8 - 10) und Jahr liegen alle bereits sehr weit im Landesinneren.

Im Hinblick auf die Ableitung repräsentativer Einstrahlungsverhältnisse wird der Mittelmeerraum in vier Zonen eingeteilt: nördliches Festland, südlicher Mittelmeerraum küstennah, südlicher Mittelmeerraum küstenfern (ca. 200 km von der Küste entfernt) und Inseln. Die Häufigkeitsverteilungen der Einstrahlungsklassen für die einzelnen Zonen sind im Vergleich zum gesamten Mittelmeerraum (Werte größer 1700 kWh/m^2 a) ermittelt worden (Abb. 3.2.3).

Die Analyse des zeitlichen Verlaufs der Globalstrahlung von 12 verschiedenen Regionen des Mittelmeerraumes zeigt für den gesamten Mittelmeerraum einen mehr oder weniger stark ausgeprägten Jahresverlauf. Die Minima der ausgewählten Orte treten fast immer im Dezember, selten im Januar, die Maxima fast immer im Juli, zweitbeste Werte meist im Juni oder Mai auf. Die Maxima liegen zwischen 220 und 260 kWh/m^2 mo; die Minima zwischen 50 und 140 kWh/m^2 mo; die Monatsmittelwerte zwischen 150 und 200 kWh/m^2 mo (Abb. 3.2.4). Die Differenz zwischen Sommer und Winter beträgt damit zwischen 108 und 192 kWh/m^2 mo. In Prozentwerten bezogen auf den Mittelwert sind das 60 bzw. 133 %.

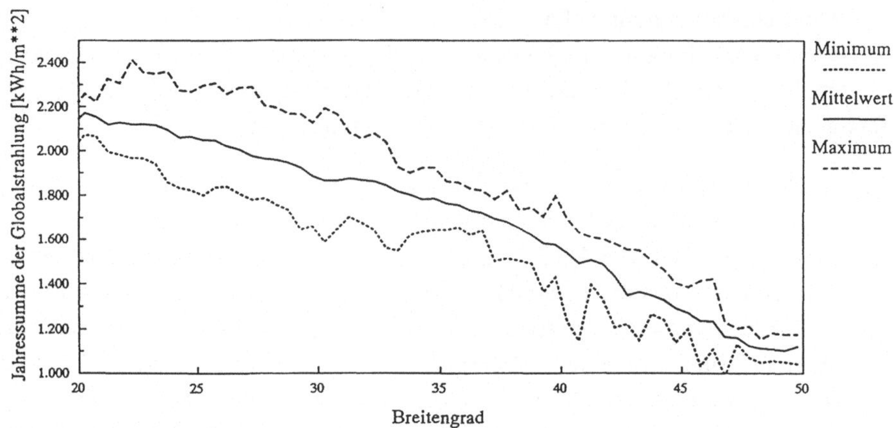

Bereich: 10 Grad West bis 50 Grad Ost,
nur Mittelmeerländer ohne Wasserfläche
des Mittelmeers

Abb. 3.2.1:   Min-/Max-Auswertung der Jahressummen der Globalstrahlung im Mittelmeerraum
(Mittelwert der Jahressummen 1985 und 1986)

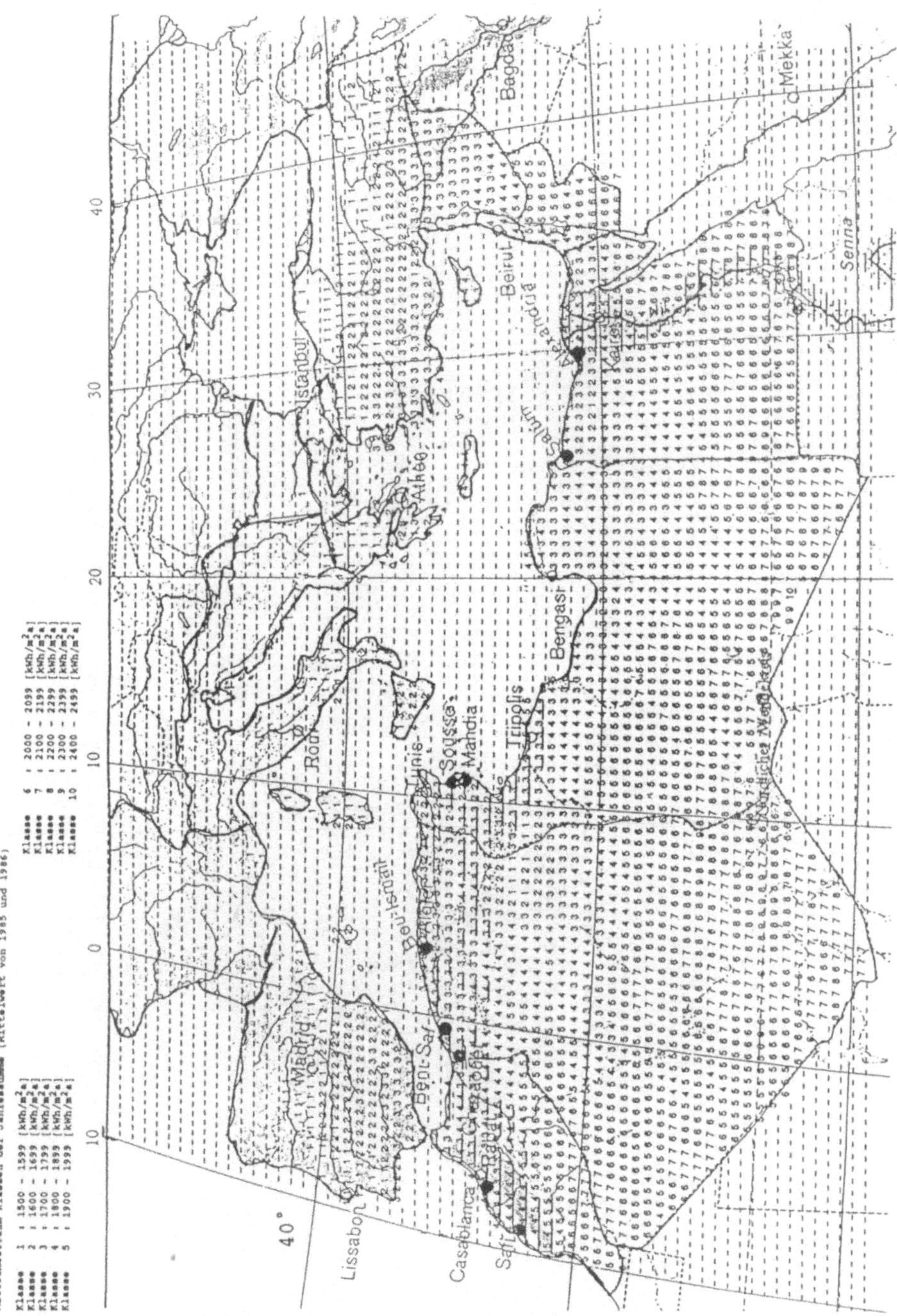

Abb. 3.2.2a: Einstrahlungsverhältnisse im Mittelmeerraum
dargestellt in Einstrahlungsklassen
ermittelt auf der Basis von Meteosat-Bildauswertungen

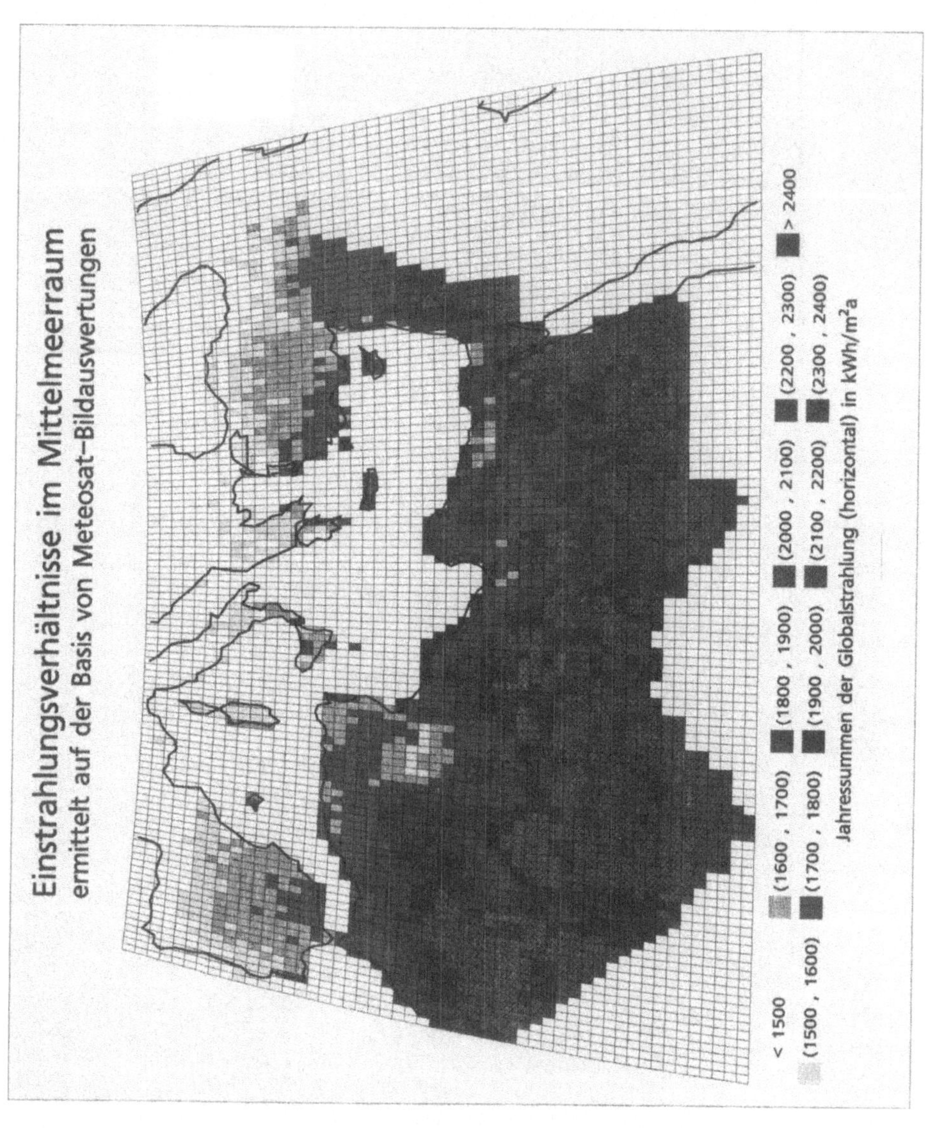

Abb. 3.2.2b: Einstrahlungsverhältnisse im Mittelmeerraum
ermittelt auf der Basis von Meteosat-Bildauswertungen

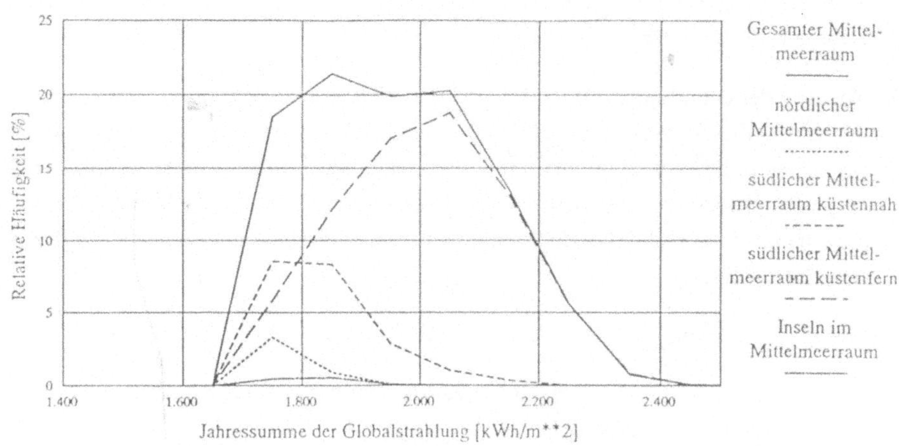

Abb. 3.2.3:   Häufigkeitsverteilung bezogen auf den gesamten Mittelmeerraum ab 1700kWh/m^{2}a

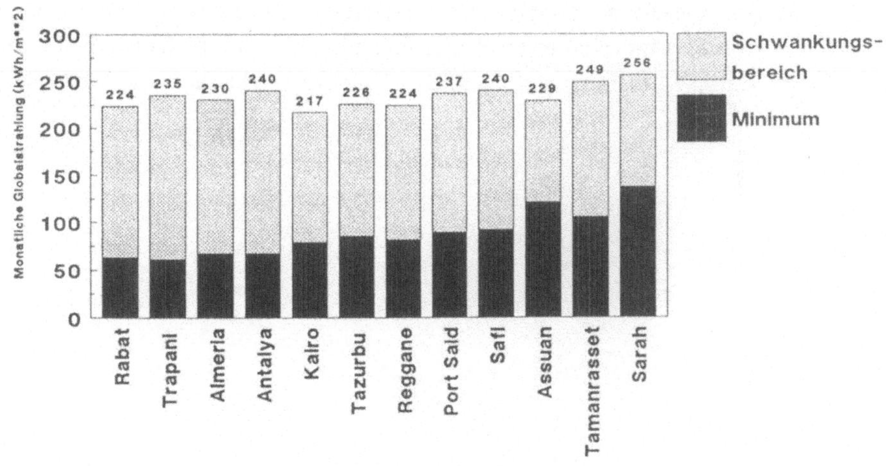

Abb. 3.2.4:   Globalstrahlung im Mittelmeerraum 1985
Bandbreite der Monatssummen

3.2.3 Ableitung repräsentativer Strahlungsdaten

Die logische Vorgehensweise bei der Ableitung der repräsentativen Strahlungsdaten verdeutlicht Abb. 3.2.5 in einer Übersicht.

Die Analyse der Strahlungsdaten zeigt, daß die Wetter- und Einstrahlungsverhältnisse in den einzelnen Zonen sehr uneinheitlich sein können, so daß sich die Zonen mit einem einzigen Einstrahlungswert nicht hinreichend charakterisieren lassen. Es sind deshalb fünf typische Einstrahlungsverhältnisse (Direktstrahlungsklassen) definiert worden, die im folgenden mit DS (für Direktstrahlung) und der jährlichen Direktstrahlungssumme gekennzeichnet sind:

DS-1800,   DS-1950,   DS-2100,   DS-2350,   DS-2500.

Die Abbildungen 3.2.6 a und b zeigen zwei der Direktstrahlungsklassen in Form eines Tageshistogramms. Während DS-1800 für Tage mit Direktstrahlungssummen von 1 - 9 kWh/m^2 d ähnliche Häufigkeiten aufweist, sind bei DS-2500 Tage mit 8 - 10 kWh/m^2 d am häufigsten und machen fast 50 % des Jahres aus.

Die Zuordnung der Globalstrahlungsklassen zu den Direktstrahlungsklassen ist in Abb. 3.2.7 dargestellt. Das Verhältnis Globalstrahlung zu Direktstrahlung wird auf der Basis von berechneten und gemessenen Direktstrahlungswerten in der in Abb. 3.2.5 dargestellten Weise abgeschätzt. Als höchster Direktstrahlungswert wird 2500 kWh/m^2 a angenommen. Höhere Werte sind wahrscheinlich, können aber für die Sahara und für die anderen Regionen im Mittelmeerraum mangels Messungen nicht als repräsentativ angenommen werden.

Datenbasis und Datenaufbereitung	
Globalstrahlung	**Direktstrahlung**
Meteosat-Bildauswertung * (Monatswerte)	Berechnete Werte

- Mittelwerte der Jahressummen 1985/86
 - Min.-/Max.-Auswertung
 - Einstrahlungsklassen
 - Strahlungskarte
 - Flächenanteile der   Einstrahlungsklassen
 - Häufigkeitsverteilung der
      Einstrahlungsklassen
    - Gesamter Mittelmeerraum
    - nördlicher Teil
    - Inseln
    - südl. Teil, küstennah
    - südl. Teil, küstenfern
 - Jahresverlauf für ausgewählte   Regionen
	Aus Global- und Diffusstrahlungswerten von 30 europäischen Testreferenzjahren berechnete Direktstrahlung

	Gemessene Werte
	- Almeria 1983 - Almeria 1984 - Amman 1984 - Quwairah 1989/90 - Barstow 1976 - Barstow 1984 - Barstow 1985

Vergleich und Beurteilung
Europäischer Strahlungsatlas   Testreferenzjahre   Daten des Deutschen Wetterdienstes (DWD)   Handbuch ausgewählter Klimastationen der Erde   Sonstige

Repräsentative Strahlungsdaten	
Globalstrahlungswerte Jahressummenwerte und typischer Jahresverlauf (Monatwerte)	Direktstrahlungsklassen Jahressummenwerte und definierter Jahresverlauf (Stundenwerte)
1) Trapani um 1750 kWh/m^{2}a 2) Antalya um 1850 kWh/m^{2}a 3) Port Said um 1950 kWh/m^{2}a 4) Assuan um 2150 kWh/m^{2}a 5) Tamanrasset um 2250 kWh/m^{2}a und darüber	1) DS-1800 um 1800 kWh/m^{2}a 2) DS-1950 um 1950 kWh/m^{2}a 3) DS-2100 um 2100 kWh/m^{2}a 4) DS-2350 um 2350 kWh/m^{2}a 5) DS-2500 um 2500 kWh/m^{2}a

---

***** Monatliche Mittelwerte der Tagessummen 1985 und 1986; $1/2$-Grad Auflösung (Breitengrad 19° bis 50° Nord; Längengrad 10° West bis 45° Ost)

Abb. 3.2.5:   Ableitung repräsentativer Strahlungsdaten

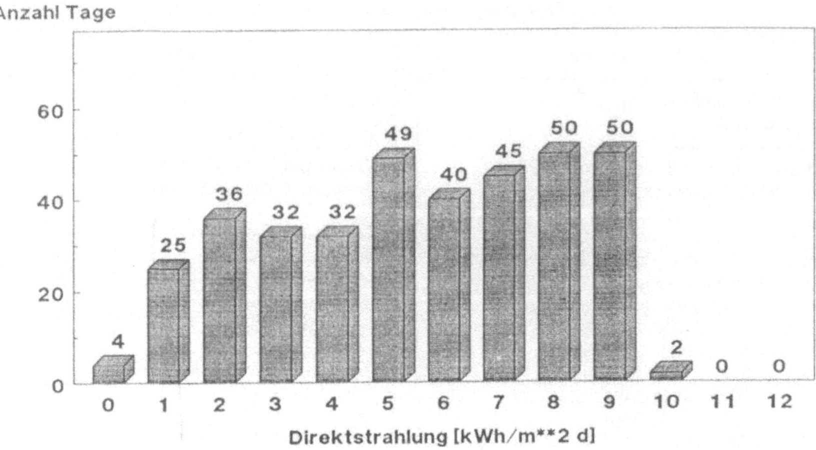

Abb. 3.2.6a: Häufigkeitsverteilung der täglichen Direktstrahlung für DS-1800

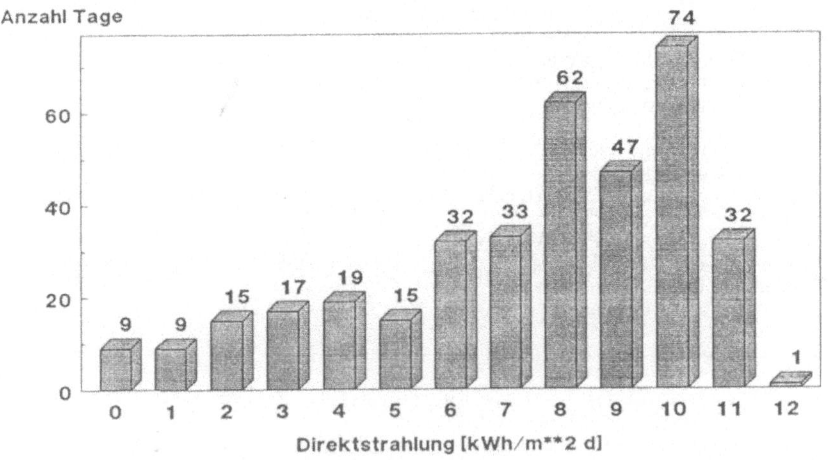

Abb. 3.2.6b: Häufigkeitsverteilung der täglichen Direktstrahlung für DS-2500

36

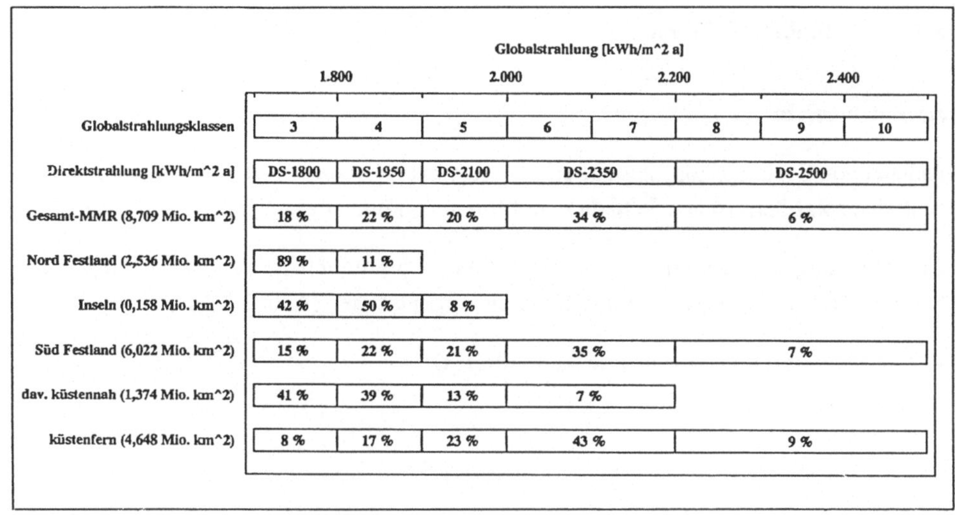

	3	4	5	6	7	8	9	10
Globalstrahlungsklassen	3	4	5	6	7	8	9	10
Direktstrahlung [kWh/m^2 a]	DS-1800	DS-1950	DS-2100	DS-2350			DS-2500	
Gesamt-MMR (8,709 Mio. km^2)	18 %	22 %	20 %	34 %			6 %	
Nord Festland (2,536 Mio. km^2)	89 %	11 %						
Inseln (0,158 Mio. km^2)	42 %	50 %	8 %					
Süd Festland (6,022 Mio. km^2)	15 %	22 %	21 %	35 %			7 %	
dav. küstennah (1,374 Mio. km^2)	41 %	39 %	13 %	7 %				
küstenfern (4,648 Mio. km^2)	8 %	17 %	23 %	43 %			9 %	

Abb. 3.2.7:   Globalstrahlungs- und Direktstrahlungsklassen

Zusammenfassend kann gesagt werden, daß im Mittelmeerraum gute bis sehr gute Einstrahlungsverhältnisse für solarthermische Stromerzeugung herrschen. 70 % der Fläche sind prinzipiell geeignet, davon bieten über 24 % der Flächen sehr gute und 7 % exzellente Einstrahlungsbedingungen. Letztere findet man fast ausschließlich in den küstenfernen südlichen Regionen. In den küstennahen Gebieten des südlichens MMR sind die Einstrahlungsbedingungen aber immer noch gut bis sehr gut. Auch in den südlichsten Teilen der europäischen Mittelmeerländer, Portugal, Spanien, Italien (Sizilien), Griechenland und Türkei sowie auf fast allen Inseln des Mittelmeerraums ist solarthermische Stromerzeugung möglich. Die übrigen Gebiete der europäischen Länder sind nicht geeignet. Dies bedeutet, daß Albanien, Frankreich, das ehemalige Jugoslawien, sowie Nord- und Mittelitalien vorerst keine geeigneten Standorte für zentrale solarthermische Anlagen aufweisen.

Bei der meteorologischen Analyse wurde ein neuer Ansatz gewählt und auf der Basis von Satellitendaten erstmalig eine flächendeckende Analyse durchgeführt. Bei den zugrunde liegenden Daten der Jahre 1985 und 1986 der Meteosat-Auswertungen handelt es sich um vergleichsweise kühle und damit vermutlich strahlungsarme Jahre innerhalb einer insgesamt sehr warmen und strahlungsreichen Dekade. Insbesondere für den südlichen Mittelmeerraum sind die Werte im Vergleich zu langjährigen Messungen anderer Quellen eher als etwas zu niedrig anzusehen. Alle Strahlungsdaten sind deshalb für die Abschätzung der Wirtschaftlichkeit solarthermischer Anlagen im Sinne einer konservativen, "sicheren" Schätzung besonders geeignet.

3.3 Verfügbare Flächen

3.3.1 Übersicht

Anhand von flächenbezogenen Kriterien wird das Flächenpotential von zentralen und dezentralen solarthermischen Systemen im Mittelmeerraum abgeschätzt.

Die Ableitung verfügbarer Flächen für das kurz- bis mittelfristige und das langfristige Potential wird anhand zweier Hauptkriterien vorgenommen (Abb. 3.3.1):

- Ausschlußkriterien (sogenannte KO-Kriterien)

- begrenzende Kriterien.

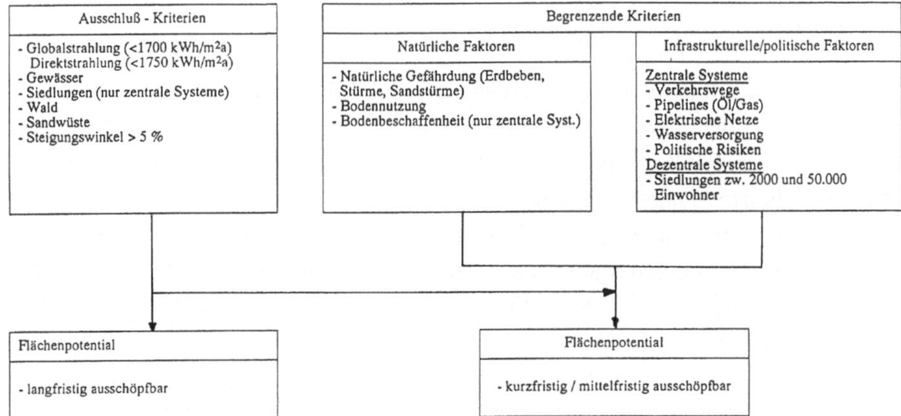

Abb. 3.3.1:   Ableitung verfügbarer Flächen

Die begrenzenden Kriterien werden unterteilt in natürliche und infrastrukturelle / politische Faktoren. Das kurz- bis mittelfristig zur Verfügung stehende Flächenpotential für zentrale Kraftwerke genügt, im Gegensatz zum langfristigen Flächenpotential, insbesondere den Kriterien

- Maximal 50 km von der nächsten Straße und maximal 50 km vom nächsten Stromnetz entfernt.

- Nicht in politisch unsicheren Gebieten gelegen.

Für die Inseln werden nur in Einzelfällen flächenbezogene Daten ermittelt, da die verfügbaren Quellen zu ungenau sind (gesamte Inselfläche 71,7 · 10^3 km^2).

3.3.2 Bezugsflächen

Die Gebietsfläche aller Mittelmeerstaaten beträgt 9,0 · 10^6km^2. Die prinzipiell zur solarthermischen Stromerzeugung geeignete Gesamtfläche wird zum einen für die Gebietsfläche südlich des 40. Breitengrades (ca. 7,3 · 10^6 km^2 = 100 %), zum anderen für die Gebietsfläche südlich des 40. Breitengrades unter Berücksichtigung einer Globalstrahlung größer 1700 kWh/m^{2}a (ca. 6,4 · 10^6 km^2 = 88,1 %) bestimmt (Tab. 3.3.1). Da die Mittelmeeranrainer Frankreich, das ehemalige Jugoslawien und Albanien (Albanien 500 km^2) keine bzw. unwesentliche Gebiete südlich des 40. Breitengrades aufweisen und keine Globalstrahlungswerte > 1700 kWh/m^{2}a erreichen, werden nur die restlichen 14 Mittelmeerländer (Malta und Zypern werden hier den Inseln zugeordnet) bezüglich ihres Flächenpotentials untersucht. Von der insgesamt zur Verfügung stehenden Fläche (7,3 · 10^6km^2) entfallen ca. 80 % auf die vier Länder Algerien, Libyen, Ägypten und Marokko. Betrachtet man nur die Gebietsfläche mit einer Globalstrahlung > 1700 kWh/m^{2}a (ca. 1750 kWh/m^2 a Direktstrahlung) - und nur diese erscheint aus heutiger Sicht als Standort für solarthermische Anlagen geeignet - haben diese vier Länder sogar einen Anteil von 90 %. Begründet ist diese Erhöhung des Anteils durch den hohen Flächenanteil der nördlichen Mittelmeerländer südlich des 40. Breitengrades, die dem Kriterium Mindesteinstrahlung > 1700 kWh/m^2 a nicht genügen.

3.3.3 Langfristig zur Verfügung stehende Flächen

Die theoretisch zur Verfügung stehende Fläche wird weiter reduziert durch die Ausschlußkriterien Gewässer, Waldflächen, Sandwüsten und Flächen mit einem Steigungswinkel > 5 % (Gebirge). Soweit zuordenbar, werden Siedlungsflächen ebenfalls ausgeschlossen. Damit stehen langfristig noch maximal ca. 5,1 · 10^6 km^2 = 70,0 % zur Verfügung (Pfad LKS; Erläuterungen siehe Tab. 3.3.1). Berücksichtigt man die begrenzenden Kriterien Bodennutzung, also Ackerland, Wiesen und Dauerweiden (sie werden jeweils nur anteilig gerechnet; im allgemeinen Ackerland zu 5 %, Wiesen und Dauerweiden zu 90 %) , so verringert sich die langfristig für zentrale Systeme zur Verfügung stehende Potentialfläche auf ca. 4,6 · 10^6 km^2 = 63,4 % (Pfad LBS). Darin enthalten ist schon die Flächenreduktion durch die politisch unsicheren Gebiete. Sie wurden bei jedem Land diskutiert, langfristig werden sie aber nur für die Westsahara als begrenzender Faktor berücksichtigt. Von der gesamten langfristig zur Verfügung stehenden Fläche (nur KO-Kriterien (Pfad LKS) berücksichtigt) entfallen ca. 91 % auf die vier Länder Algerien, Libyen, Ägypten und Marokko. Werden die begrenzenden Kriterien (Pfad LBS) noch berücksichtigt, entfallen ca. 93 % auf diese Länder. Vergleicht man den prozentualen Anteil an der Gesamtfläche, der langfristig in den einzelnen Ländern noch als Potentialfläche für solarthermische Stromerzeugung zur Verfügung steht, so gibt es drei große Gruppen; nämlich Länder mit einem Potential

- über 50 % der Landesfläche südlich des 40. Breitengrades: Ägypten 81,8 %, Libyen 79,2 %, Jordanien 72,1 %, Algerien 70,9 %, Syrien 62,7 % und Marokko 56,3 %,

- zwischen 30 und 50 %: Israel 47,2 %, Libanon 37,9 %, Tunesien 36,2 %,

- unter 10 %: Türkei 8,1 %, Italien 6,6 %, Spanien 5,7 %, Griechenland 3,5 %, Portugal 2,0 %.

3.3.4 Kurz- bis mittelfristig zur Verfügung stehende Flächen

Zur Ableitung der kurz- bis mittelfristig nutzbaren Potentialfläche wird angenommen, daß nur Kraftwerksstandorte in Frage kommen, die maximal 50 km von einem heute bestehenden bzw. in den nächsten Jahren zu realisierenden Stromnetz (Spannung größer 20 kV) liegen und außerdem max. 50 km von einer Fernstraße entfernt sind. Der 50-km-Bereich wird gewählt, da sich durch den dadurch notwendigen zusätzlichen Netz- und

Tab. 3.3.1:   Verfügbare Landfläche (in km^2)

| Zentrale Systeme[1] (Länder) | | Langfristige Potentialfläche | | | | Kurz bis Mittelfristige Pot.fläche | | | |
		Pfad LKS		Pfad LBS		Pfad MKS		Pfad MBS	
Land	Fläche [8] FlächeS [9]								
Ägypten	1001449	989000	847000	84,6%	819000	81,8%	190000	19,0%	166215	16,6%
Algerien	2381741	2310000	1787000	75,1%	1680000	70,9%	56000	2,3%	26000	1,1%
Griechl.[2]	72000	10000	5000	6,9%	2500	3,5%	5000	6,9%	2500	3,5%
Israel[3]	20770	20770	15000	70,3%	9809	47,2%	13000	63,2%	8828	42,5%
Italien[4]	61000	17500	9000	14,8%	4000	6,6%	9000	14,8%	4000	6,6%
Jordanien[5]	97740	97740	75000	77,0%	70455	72,1%	22000	22,4%	17109	17,5%
Libanon	10400	10400	7000	66,0%	3946	37,9%	6000	58,8%	3494	33,6%
Libyen	1759540	1757000	1426000	81,0%	1393000	79,2%	157000	8,9%	123866	7,0%
Marokko[6]	710850	710850	546000	76,8%	400042	56,3%	250000	35,1%	103567	14,6%
Portugal	50000	5000	1000	2,0%	1000	2,0%	1000	2,0%	1000	2,0%
Spanien[7]	212000	68000	20000	9,4%	12000	5,7%	20000	9,4%	12000	5,7%
Syrien	185180	182000	163000	88,1%	116000	62,7%	26000	14,1%	14500	7,9%
Tunesien	163610	111000	99000	60,4%	59000	36,2%	48000	29,3%	12000	7,8%
Türkei	559000	153000	60000	10,7%	45000	8,1%	30000	5,4%	20000	3,6%

Gesamtflächen

	Fläche FlächeS									
Gesamt	7285280	6442400	5060000	69,5%	4615800	63,4%	833000	11,4%	514000	7,1%

---

[1]
L: Langfristig
M: Kurz- bis mittelfristig
K: KO-Kriterium
B: Begrenzender Faktor
40: Bezogen auf die Fläche südlich des 40. Breitengrades
S: Bezogen auf die Fläche mit Einstrahlungswerten >1700 kWh/m^2a Globalstrahlung
[2] ohne griechische Inseln (169)
[3] ohne besetzte Gebiete
[4] ohne Sardinien
[5] einschließlich West-Bank
[6] einschließlich West-Sahara (264 10^3 km^2)
[7] ohne Inseln (Kanaren und Balearen)
[8] Fläche südlich des 40° Breitengrades
[9] Fläche mit Einstrahlungswerten größer 1700 kWh/m^2a

41

Straßenausbau maximal Kosten von ca. 20 Mio DM (Netz) bzw. ca. 25 Mio DM (Straße) ergeben. Ein solarthermisches Kraftwerk (100 MWe) verteuert sich bei Investitionskosten von ca. 600 Mio DM in diesem Fall um 7,5 %.

Legt man an den so definierten 50-km-Bereich wiederum die KO-Kriterien an, so ergibt sich eine kurz- bis mittelfristig zur Verfügung stehende Potentialfläche im Mittelmeerraum von $0,83 \cdot 10^6$ km^2 = 11,4 % (Pfad MKS). Die beschränkenden Faktoren Ackerflächen, Wiesen und Dauerweiden reduzieren dieses Potential nochmals um $0,32 \cdot 10^6$ km^2, so daß noch ca. $0,51 \cdot 10^6$ km^2 = 7,1 % (Pfad MBS) an geeigneter Fläche kurz- bis mittelfristig zur Verfügung stehen. Dies entspricht einem Potential von ca. 12.100 GW$_e$ solarthermischer Kraftwerksleistung (Mittelwert: 40 km^2 = 1 GW$_e$). Dies ist etwa das 45-fache der heute installierten Kraftwerksleistung im MMR.

Die Einstrahlungsbedingungen sind bei der kurz- bis mittelfristig zur Verfügung stehenden Fläche im Mittel wesentlich ungünstiger als bei den langfristig zur Verfügung stehenden Gebieten, da die Infrastruktur insbesondere in Küstennähe mit weniger günstigen Strahlungsdaten gut ausgebaut ist, die Gebiete mit hoher Einstrahlung jedoch weitgehend im fast unbesiedelten Süden liegen.

An der zur Verfügung stehenden Potentialfläche von $0,51 \cdot 10^6$km^2 (dies entspricht etwa der Fläche von Deutschland, Österreich und der Schweiz) haben die drei Länder Ägypten, Libyen und Marokko zusammen einen Anteil von 76,5 % mit jeweils über 100.000 km^2. Algerien mit seinem relativ geringen Netzausbau trägt zwar noch mit 26.000 km^2 (5,1 %) und damit dem viertgrößten Anteil zum Potential bei, dies entspricht allerdings nur noch 1,1 % der Landfläche von Algerien. Neun Länder haben eine kurz- bis mittelfristig zur Verfügung stehende Potentialfläche von jeweils unter 15.000 km^2, den geringsten Anteil hat Portugal mit 1.000 km^2.

Insbesondere die kleineren Länder weisen einen relativ hohen prozentualen Flächenanteil an der Gesamtfläche zur kurz- bis mittelfristigen Nutzung für solarthermische Kraftwerke auf (Israel 42,5 %, Libanon 33,6 %). Dies ist begründet durch ihr relativ gut ausgebautes Stromnetz sowie die geringen Einschränkungen durch die begrenzenden Faktoren. Hier zeigt sich, daß eine Detailflächenanalyse in diesen Ländern zur genauen Untersuchung der Potentialfläche die Aussagekraft verbessern würde. Die durch die grobe Näherung gemachten Fehler haben auf das Gesamtpotential im Mittelmeerraum jedoch keinen allzu großen Einfluß. Für die einzelnen Länder reduziert sich die prinzipiell nutzbare Fläche aus sehr unterschiedlichen Gründen (Abb. 3.3.2):

- Albanien, Frankreich und das ehemalige Jugoslawien weisen keine Fläche mit einer Globalstrahlung > 1700 kWh/m^{2}a auf.

- In Griechenland, Italien, Portugal, Spanien und der Türkei reduziert sich die Fläche (südlich des 40. Breitengrades) durch das Kriterium Mindesteinstrahlung um jeweils mehr als 70 %, während in Israel, Jordanien, Libanon, Libyen und Marokko alle Gebietsflächen die geforderte Mindesteinstrahlungsmenge aufweisen.

- Die KO-Kriterien reduzieren die Fläche, die langfristig als Potential zur Verfügung steht, in allen betrachteten Ländern um 10 - 30 %.

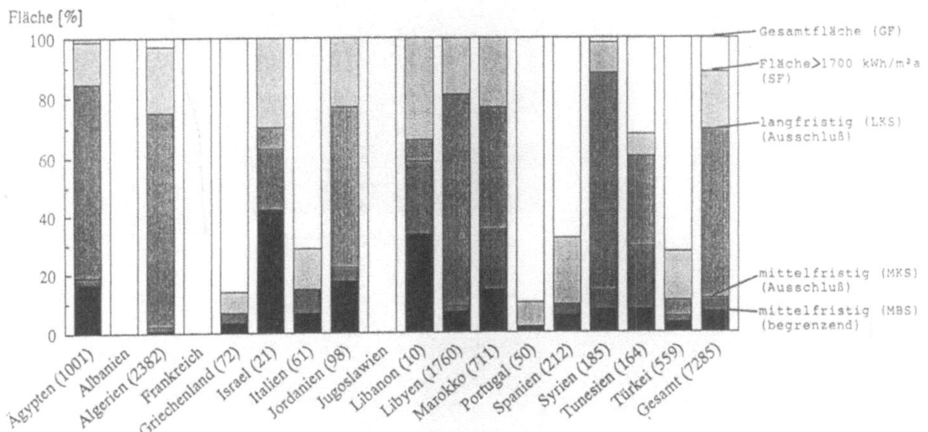

Abb. 3.3.2:   Verfügbare Flächen für zentrale solarthermische Systeme in den Mittelmeerländern
(Klammerwerte: Gesamtfläche südlich des 40. Breitengrades in 10^3km^2)

3.3.5 Nord-Süd-Vergleich

Bei einer Unterscheidung des Mittelmeerraums südlich des 40. Breitengrades in einen nördlichen Teil (Italien, Griechenland, Portugal, Spanien, Türkei, jeweils ohne Inseln; 954 · 10^3km^2) und einen südlichen Teil (Ägypten, Algerien, Israel, Jordanien, Libanon, Libyen, Marokko, Syrien, Tunesien; 6331 · 10^3km^2) ergeben sich folgende Ergebnisse (Abb. 3.3.3):

- Das zur Verfügung stehende Potential beträgt im nördlichen Mittelmeerraum langfristig (LKS) 95 · 10^3km^2 bzw. kurz- bis mittelfristig (MBS) 40 · 10^3km^2. Im südlichen Mittelmeerraum beträgt es 768 · 10^3 km^2 bzw. 474 · 10^3 km^2.

- Kurz- bis mittelfristig reduziert sich durch das Kriterium maximaler Abstand 50 km vom Netz bzw. von einer Straße die Potentialfläche in den meisten südlichen Ländern um mehr als 50 %. Der Grund ist der geringere Netzausbaugrad. In der nördlichen Hälfte ist der Unterschied zwischen dem langfristigen und dem kurz- bzw. mittelfristigen Potential wegen der guten Infrastruktur minimal.

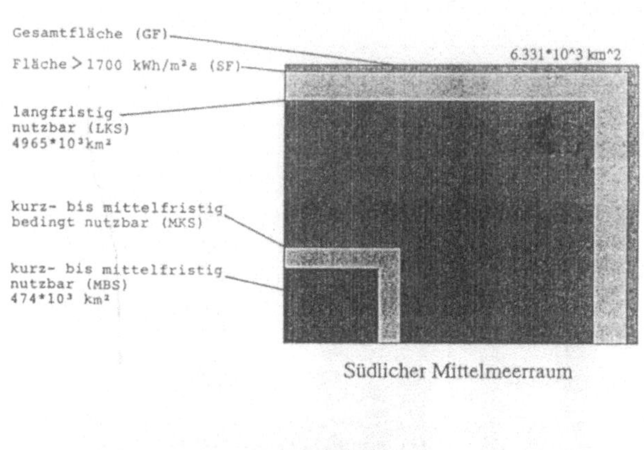

Abb. 3.3.3: Verfügbare Flächen für zentrale Systeme im nördlichen und südlichen Mittelmeerraum, südlich des 40. Breitengrades

3.3.6 Verfügbare Flächen für dezentrale Systeme

Die Ableitung von Flächenpotentialen für die Inseln und dezentralen Systeme konnte im Rahmen dieser Arbeit nicht zufriedenstellend gelöst werden. Es lassen sich deshalb nur folgende allgemeine Aussagen ableiten:

- Die Standortflächen der dezentralen Systeme in ländlichen Gebieten sind von den örtlichen Gegebenheiten abhängig. Prizipiell dürfte für diese Systeme die zur Verfügung stehende Fläche kein begrenzender Faktor sein.

- Ca. 50 % der gesamten Inselflächen (71,7 · 10^3km^2 ohne Sizilien) im Mittelmeerraum haben Einstrahlungswerte > 1700 kWh/m^{2}a (Globalstrahlung).

- Die Mehrzahl der Inseln verfügt über ein zufriedenstellend ausgebautes elektrisches
  Netz.

3.4 Laststrukturen

3.4.1 Übersicht

Aus technischer Sicht interessieren für eine Abschätzung des Einsatzpotentiales solarthermischer Anlagen vor allem der jährliche gesamte Strombedarf und die daraus ableit-
baren solaren Deckungsanteile. Die Kenntnis von Höchst- und Tiefstlasten und deren
Entwicklung läßt Aussagen über die Integrationsmöglichkeiten von solaren Kraftwerken
in bestehende Erzeugungssysteme im Rahmen der Ausbauplanung zu. Darüber hinaus
können mittels repräsentativer Tagesbelastungskurven geeignete Betriebsstrategien für
die Anlagen definiert werden. Die Analyse der Verbrauchsstrukturen ist zudem unter
wirtschaftlichen Gesichtspunkten relevant. Da in vielen Regionen Vergütungsstrukturen
(vergleiche Kap. 3.6) für die Stromeinspeisung nicht verfügbar sind oder nicht existieren,
können geeignete Vergütungsmodelle zur Bewertung solarer Elektrizität nur auf der
Basis der detaillierten Kenntnis repräsentativer Netzbelastungskurven vorgeschlagen
werden.

Entsprechend der Konzeption der Untersuchung wird bei der Analyse der Stromverbrauchsstrukturen zwischen zentralen und dezentralen Systemen unterschieden, wobei
unter erstgenannten nationale Verbundnetze zu verstehen sind.

3.4.2 Zentrale Elektrizitätsversorgungssysteme

<u>Analyse der jahreszeitlichen Variation des Elektrizitätsbedarfes</u>

Zur Untersuchung saisonaler Unterschiede wird ein energiemengenorientierter Ansatz
gewählt, der auf dem mittleren Bedarf an einem Werktag basiert. Den gesamten Ablauf
für die Berechnung der zentralen Daten für die Länder des nördlichen und südlichen
MMR verdeutlicht Abb. 3.4.1. Der nördliche und südliche MMR wird aufgrund der cha-
rakteristischen Stromverläufe abweichend zu Kap. 3.1.6 definiert. In Albanien,
Frankreich, Italien, dem ehemaligen Jugoslawien, Portugal und Spanien zeigt sich trotz
der starken Abweichungen in den absoluten Netzbelastungen (Tab. 3.4.1) ein durchaus
ähnliches Bild (Abb. 3.4.2a diese Länder bilden hier den nördlichen MMR, alle übrigen
Länder zählen zum südlichen MMR): Der höchste Bedarf tritt jeweils im Dezember auf.

Der Rückgang während der folgenden Periode wird hauptsächlich durch zunehmende Temperaturen und länger werdende Tage verursacht (Rückgang von Heiz- und Beleuchtungsbedarf). Im Herbst kommt es dementsprechend zu einer Trendumkehrung. Bemerkenswert ist das durch die Urlaubszeit verursachte "Sommerloch". Als repräsentativ kann der Verlauf Portugals betrachtet werden.

Die Länder des südlichen Mittelmeerraumes (siehe Bemerkung im vorherigen Abschnitt) Algerien, Griechenland, Israel, Jordanien, Libanon, Libyen, Marokko, Syrien, Türkei, Tunesien und Zypern lassen sich durch den Verlauf der Last Zyperns 1988 charakterisieren (Abb. 3.4.2 b). Auch hier ist die Stromnachfrage im Winter maximal. Komplementär zur Urlaubszeit in den Ländern des nördlichen Mittelmeerraumes treten jedoch nahezu gleich hohe Belastungen im Sommer auf, so daß davon ausgegangen werden kann, daß das Sommerhoch durch den Einfluß des Tourismus mitverursacht wird. Effektverstärkend wirkt der Klimatisierungs- und Kühlungsbedarf, da die mittleren Tagesmaxima der Temperatur in der Zeit von Juni bis September häufig bei 30°C und darüber liegen.

Analyse des tageszeitlichen Verlaufes der Netzbelastung

Die Analyse der Tagesbelastungskurven wird anhand von Lastgängen für jeweils drei typische Tage - Werktag, Samstag, Sonntag - vorgenommen. Dabei wird der jahreszeitlichen Variation der Netzbelastung Rechnung getragen, indem (sofern möglich) jeweils ein Tag aus dem Winter- und Sommerzeitraum, sowie ein die Übergangsjahreszeiten repräsentierender Tag als Datenbasis herangezogen wird. Im nördlichen Mittelmeerraum ist der jahreszeitliche Einfluß auf die Struktur des täglichen Bedarfes gering. Zwar kommt es zu einer Verlagerung der Lastspitzen aus den frühen Abendstunden im Winter in die Mittagszeit im Sommer, die auf die jeweilige Tageshöchstlast normierten Belastungskurven weichen jedoch nur in Ausnahmefällen um mehr als 10 % voneinander ab. Die Verhältnisse von Tagestiefst- zu Tageshöchstlast liegen, jahreszeitlich unabhängig, zwischen 50 % und 75 %, wobei der geringste Bedarf zwischen 2 Uhr und 5 Uhr auftritt (repräsentativ Spanien 1988). Der Lastverlauf an Samstagen und Sonntagen spiegelt prinzipiell den der Werktage wider, jedoch sind die Änderungsraten vor allem infolge der fehlenden industriellen Produktion moderater. Die Tagesenergiemengen bezogen auf den zugehörigen Werktag betragen etwa 80 % an Samstagen bzw. 70 % an Sonntagen. Abbildung 3.4.2 c zeigt dies exemplarisch für Portugal (repräsentativer Verlauf für Samstage und Sonntage).

Die Tagesbelastungskurven der südlichen Mittelmeerländer, für die der Verlauf Marokkos (1986) typisch ist, sind durch eine abendliche Höchstlast in der Zeit zwischen

18 Uhr und 20 Uhr gekennzeichnet (Abb. 3.4.2 d). Die Ursache hierfür sind die klimatischen Gegebenheiten, die besonders in der heißen Jahreszeit zu einer Verlagerung vieler Aktivitäten in die Abendstunden zwingen. Wie im nördlichen MMR verursachen die Wochenenden keine signifikanten Unterschiede in der Laststruktur. Die Auswertung der vorhandenen Daten zeigt einen Verlauf an Samstagen, der sich von dem eines Werktages kaum unterscheidet. An Sonntagen (oder anderen arbeitsfreien Tagen) liegen die Tageshöchstlast und der Gesamtbedarf um rund 15% niedriger als am Werktag/ Samstag.

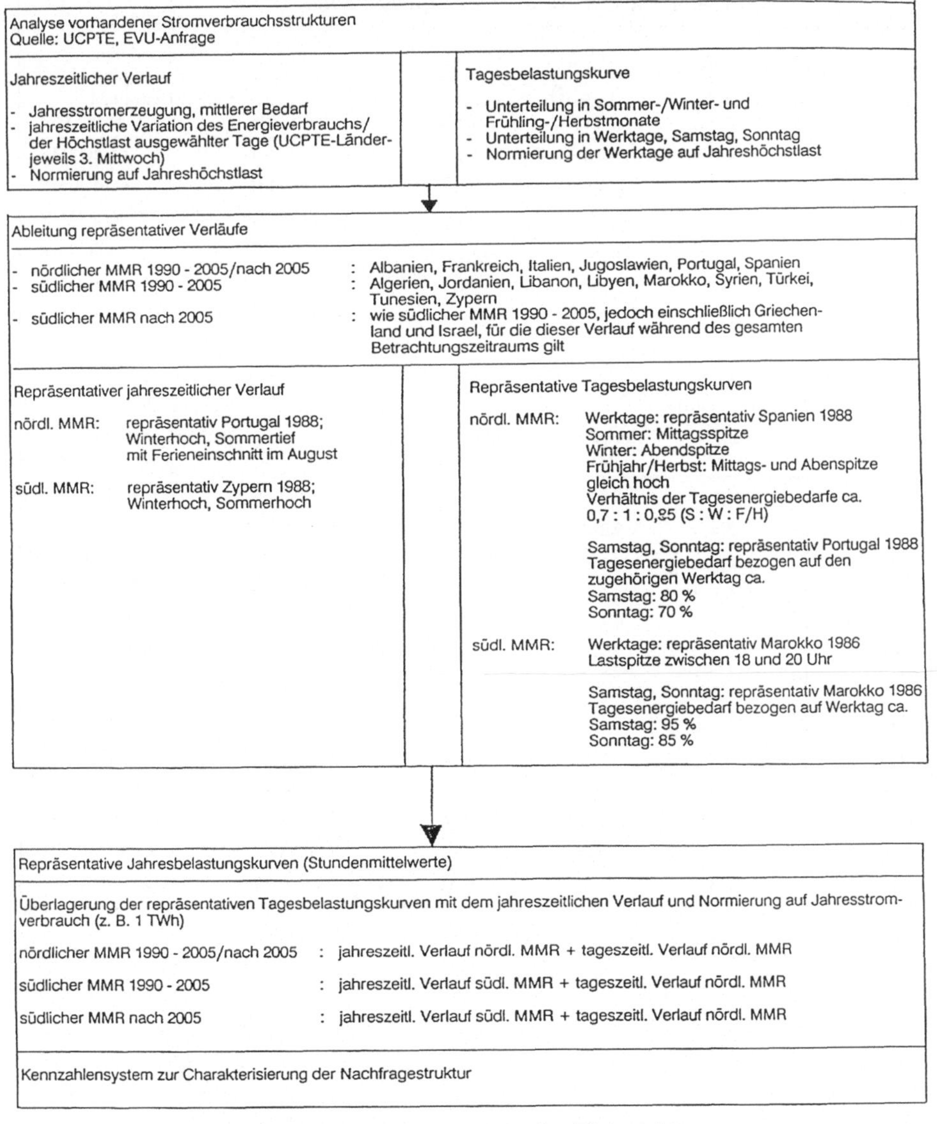

Abb. 3.4.1:   Stromverbrauchsstrukturen zentraler Elektrizitätsversorgungssysteme

Tab. 3.4.1:   Stromerzeugung und Netzbelastungen zentraler
               Elektrizitätsversorgungssysteme

Tab. 3.4.1: Stromerzeugung und Netzbelastungen zentraler Elektrizitätsversorgungssysteme

Nördlicher Mittelmeerraum

Land	Erzeugung[1] 1987 (TWh/a)	Höchstlast[2] (MW)	mittlerer Bedarf(MW)	repräsentativer Lastverlauf 1990 - 2005	nach 2005
Albanien	3,2	560 [3]	364	nördl.MMR	nördl.MMR
Frankreich	355,3	50.000	40.500	nördl.MMR	nördl.MMR
Italien	222,4	35.000	25.400	nördl.MMR	nördl.MMR
Jugoslawien	81,2	11.500	9.300	nördl.MMR	nördl.MMR
Portugal	23,0	4.285 [4]	2.600	nördl.MMR	nördl.MMR
Spanien	131,6	21.932 [5]	15.000	nördl.MMR	nördl.MMR

Südlicher Mittelmeerraum

Land	Erzeugung[1] 1987 (TWh/a)	Höchstlast[2] (MW)	mittlerer Bedarf(MW)	repräsentativer Lastverlauf 1990 - 2005	nach 2005
Ägypten	35,1	5.800 [3]	4.000	südl.MMR 1990	südl.MMR 2005
Algerien	13,4	2.220 [3]	1.530	südl.MMR 1990	südl.MMR 2005
Griechenland	30,7	4.500 [2]	3.500	südl.MMR 2005	südl.MMR 2005
Israel	18,4 [6]	2.950 [6]	2.100	südl.MMR 2005	südl.MMR 2005
Jordanien	3,1	523 [7]	350	südl.MMR 1990	südl.MMR 2005
Libanon	4,6	760 [3]	530	südl.MMR 1990	südl.MMR 2005
Libyen	14,3	2.370 [3]	1.630	südl.MMR 1990	südl.MMR 2005
Marokko	8,8	1.280 [8]	1.000	südl.MMR 1990	südl.MMR 2005
Syrien	7,0	1.160 [3]	800	südl.MMR 1990	südl.MMR 2005
Türkei	44,9	7.450 [3]	5.130	südl.MMR 1990	südl.MMR 2005
Tunesien	4,5	140 [9]	510	südl.MMR 1990	südl.MMR 2005
Zypern	1,5	372[10]	170	südl.MMR 1990	südl.MMR 2005
(Malta	0,9	-	100)		

Abb. 3.4.2a: jahreszeitl. Variation des Elektrizitätsbedarfes nördlicher Mittelmeerraum (Werktage)

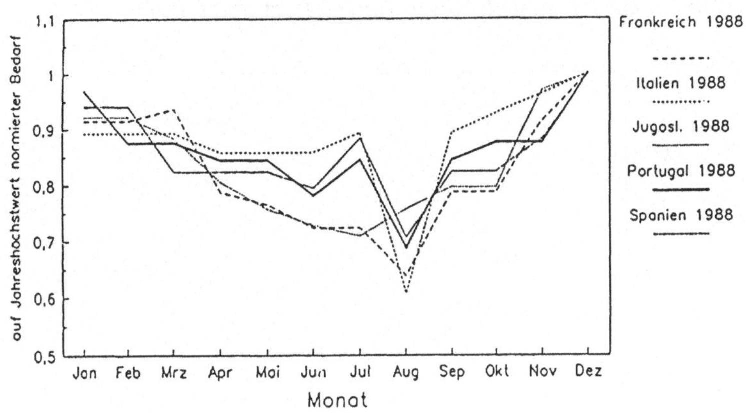

Abb. 3.4.2b: jahreszeitl. Variation des Elektrizitätsbedarfes südlicher Mittelmeerraum (Werktage)

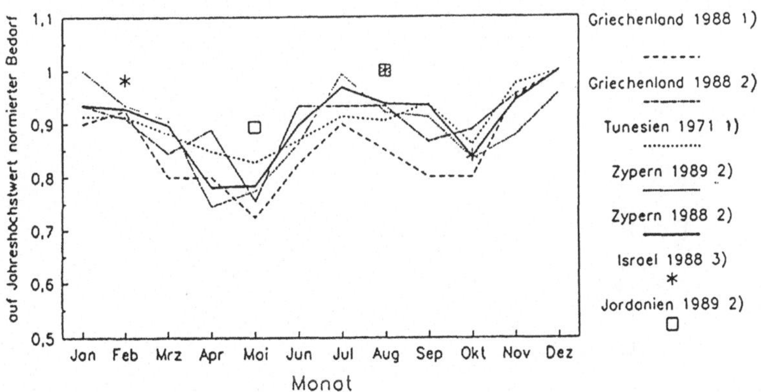

1) bezogen auf maximalen Energieverbrauch
2) bezogen auf Jahreshöchstlast
3) bezogen auf Höchstlast am 11.8.88

Abb. 3.4.2c: Tagesbelastungskurven Portugal Oktober 1988

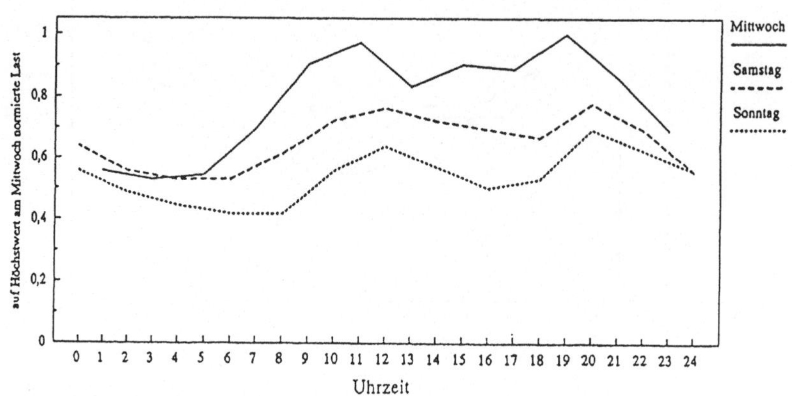

Abb. 3.4.2d: Tagesbelastungskurven Marokko 1986

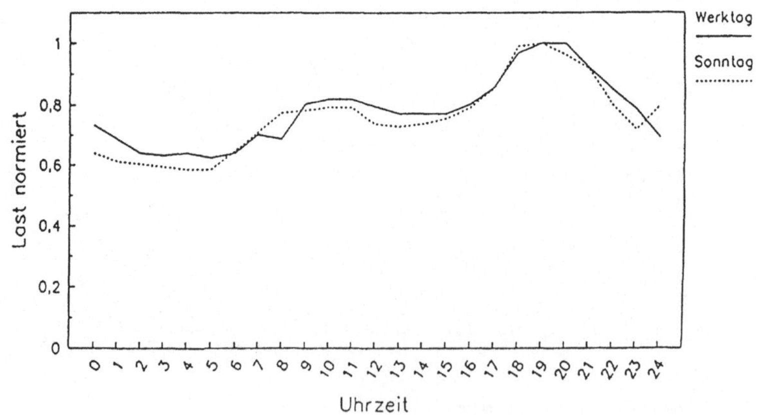

Die Generierung repräsentativer Jahresbelastungskurven auf der Basis von Stundenmittelwerten erfolgt mit dem Ziel, die für die Ermittlung von Lastdeckungsanteilen durch solarthermische Anlagen nach Jahres- und Tageszeit notwendigen Simulationsrechnungen durchführen zu können, was wegen der Nichtverfügbarkeit empirischer Daten sonst nicht möglich wäre. Um der Forderung zu genügen, die aktuellen Verbrauchsstrukturen einzelner Länder hinreichend genau abzubilden, aber auch einen Ausblick auf zukünftige Entwicklungen zu ermöglichen, müssen bestimmte Annahmen getroffen werden. So wird davon ausgegangen, daß singuläre Erscheinungen, wie Tiefst-/ Höchstlasten infolge extremer Witterungsbedingungen (heißer Sommer oder sehr kalte Winter) nur einen geringen Einfluß auf die Struktur und Höhe des Lastverlaufes haben. Das gleiche gilt für Nachfrageverschiebungen infolge konjunktureller Schwankungen oder die Unterscheidung ob an 5 oder 6 Tagen der Woche gearbeitet wird. Die langfristige wirtschaftliche Entwicklung wird für die meisten Länder des nördlichen Mittelmeerraumes entsprechend den Strombedarfsprognosen nur durch eine proportionale Anhebung des Lastniveaus berücksichtigt. Einschneidende Veränderungen in der Verbrauchsstruktur sind hier nicht zu erwarten. Anders für die weniger entwickelten Volkswirtschaften des südlichen MMR; hier wird davon ausgegangen, daß es zu einem raschen Anwachsen des Elektrizitätsverbrauches kommen wird, der auch strukturelle Veränderungen mit sich bringt. Die Annahme, daß sich der tageszeitliche Verlauf der Netzbelastung dem der nördlichen Mittelmeerländer annähert, scheint gerechtfertigt, da dies bereits heute für die hochentwickelten Länder Israel und Griechenland (das hinsichtlich der Stromnachfrage dem südlichen MMR zugeordnet wird) feststellbar ist. Aus diesem Grund wird für den südlichen MMR eine Unterscheidung in eine repräsentative Stromverbrauchsstruktur bis zum Jahr 2005 und eine für den Zeitraum danach getroffen.

Die synthetischen Jahresbelastungskurven werden entsprechend der Ergebnisse der Datenanalyse sukzessiv aus den Ganglinien repräsentativer Tage (Werktage und Wochenden für ggf. verschiedene Jahreszeiten) aufgebaut und entsprechend der jahreszeitlichen Variation der Netzbelastungen skaliert. In Abb. 3.4.3a-c sind exemplarisch die Jahres-, Wochen- und Tagesbelastungskurven für den südlichen MMR bis zum Jahr 2005 dargestellt. Die Normierung der Daten auf eine Jahresenergiemenge von einer Einheit (z.B. 1 GWh/a) bietet die Möglichkeit, ein Kennzahlensystem zu entwickeln, mit dessen Hilfe sämtliche relevante Größen der Stromnachfrage eines Landes aus der Angabe einer einzigen Größe - der Höhe des Jahresstromverbrauches dieses Landes - abgeleitet werden können. Hierunter sind energiemengenbezogene Daten ebenso zu verstehen, wie leistungsbezogene Daten (Höchstlast, Tiefstlast) für unterschiedliche Betrachtungszeiträume (Tag, Woche, Monat, Jahr). Die monatlich verbrauchten Energiemengen liegen zwischen 6,8 % und 9,8 % der Jahresenergiemengen. Bemerkenswert ist, daß die für die Strukturierung von Kraftwerkssystemen relevante Größe der Jahrestiefstlast im nördlichen MMR nur 25 % der Jahreshöchstlast beträgt. Im südlichen MMR zum heutigen Zeitpunkt bzw. nach dem Jahr 2005 liegt der Wert bei 39 % bzw. 30 %. Setzt man den gesamten Strombedarf in der Tiefstlastwoche in Relation zur Höchstlastwoche, so ergeben sich Werte zwischen 69 % und 78 %.

Die Prüfung der Qualität der synthetischen Stromverbrauchsstrukturen erfolgt mit ausgewertetem statistischem Zahlenmaterial, das dem Kennzahlensystem gegenübergestellt wird. Der Vergleich führt hinsichtlich der derzeitigen Monatshöchstlasten zu mittleren Abweichungen von 10 %, bei den monatlichen Stromverbrauchswerten betragen die Unterschiede im Mittel weniger als 5 %.

Das Ergebnis der Untersuchung für die Verbundnetze läßt sich wie folgt zusammenfassen:

Für die Integration solarthermischer Kraftwerke in zentrale Elektrizitätsversorgungssysteme bieten die nachfrageseitigen Randbedingungen insbesondere im südlichen Mittelmeerraum günstige Voraussetzungen. Hier besteht auch während der Sommermonate ein hoher Strombedarf. Der derzeitige tageszeitliche Lastverlauf mit abendlichen Maxima erfordert jedoch den Einsatz von Speichersystemen und/oder eine fossile Zusatzfeuerung. Die in Zukunft zu erwartenden Veränderungen in der Laststruktur, die vermutlich zu einem Abbau der abendlichen Lastspitzen führen, werden die Bedingungen weiter verbessern.

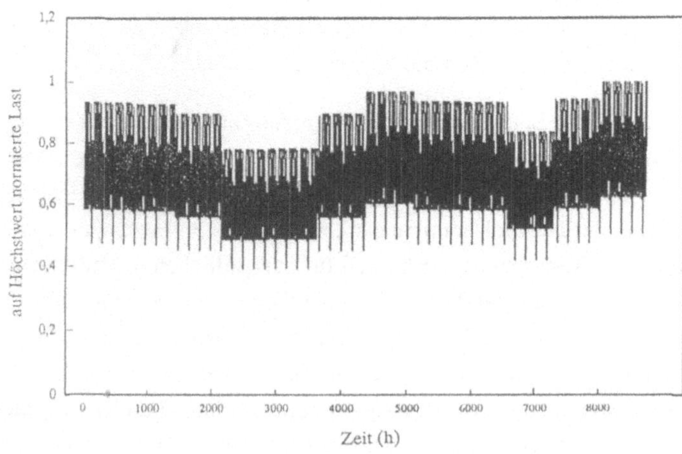

Abb. 3.4.3a: Repräsentative Jahresbelastungskurve südlicher MMR (nach 2005)

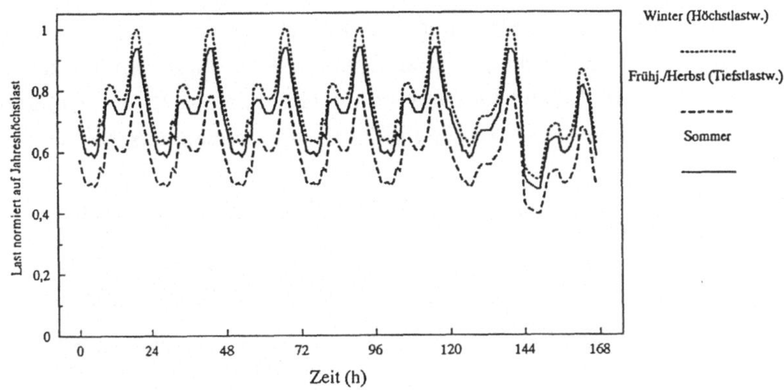

Abb. 3.4.3b: Repräsentative Wochenbelastungskurven südlicher MMR (nach 2005)

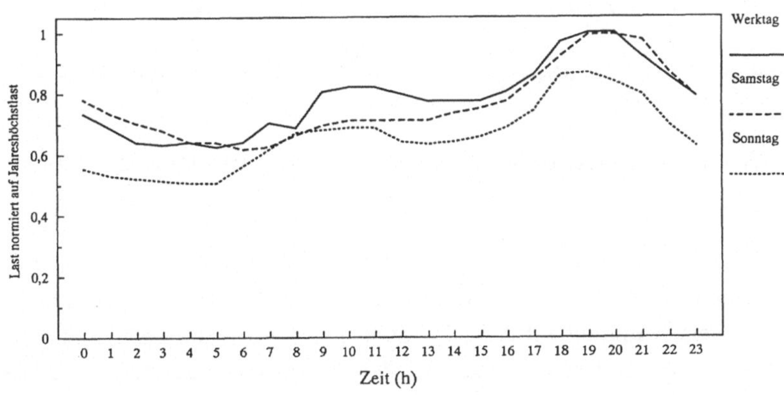

Abb. 3.4.3c: Repräsentative Tagesbelastungskurven südlicher MMR (nach 2005)

3.4.3 Dezentrale Elektrizitätsversorgungssysteme

<u>Analyse der jahreszeitlichen Variation des Elektrizitätsbedarfes</u>

Unter Inselnetzen oder dezentralen Versorgungssystemen werden diejenigen Versorgungsstrukturen zusammengefaßt, die nicht oder nur unzureichend an das nationale Verbundnetz angeschlossen sind. Wegen des hohen Elektrifizierungsgrades müssen Inselnetze auf dem europäischen Festland als Ausnahme angesehen werden und bleiben des-

53

halb bei der Analyse unberücksichtigt. Der Ablauf der Untersuchung der dezentralen Systeme entspricht dem für die zentralen Systeme. Die Klassifizierung der dezentralen Systeme erfolgt gemäß Tabelle 3.4.2 in vier Kategorien, die sich vor allem durch die Anzahl der versorgten Einwohner und den Pro-Kopf-Verbrauch unterscheiden.

Tab. 3.4.2: Klassifizierung dezentraler Elektrizitätsversorgungssysteme im südlichen Mittelmeerraum

		Einwohnerzahl	max. spez. Verbr.(W/Kopf)	Höchstlast (MW)	Belastungs- faktor	Verbrauch kWh/kW*a
Kategorie 1	abgegrenzte mittel- große Versorgungs- gebiete (Städte)	25.000 - 100.000	~ 200	5 - 20	47%	4.100
Kategorie 2	lokal eng begrenzte Versorgungsgebiete (Kleinstädte, Dörfer)	1.000 - 25.000	~ 150	0,15 - 4	31%	2.700
Kategorie 3	einzelne abgelegene Dörfer	< 1.000	< 50	< 0,05	31%	2.700
Kategorie 4	Tourismuszentren	variabel	bis zu 800	bis zu 400	58%	5.100

Auffallend ist, daß die Netzgröße wie bei den Verbundnetzen (des südlichen MMR) praktisch keinen Einfluß auf den jahreszeitlichen Verlauf des Bedarfes hat. Dennoch ergeben sich deutliche Unterschiede bezüglich der einzelnen untersuchten Klassen. So treten bei den Netzen der Kategorien 1, 2 und 3 zwar auch in den Wintermonaten die höchsten Netzbelastungen auf, ein vergleichbares Sommerhoch fehlt jedoch (repräsentativ Malta). Genau entgegengesetzt stellt sich der Verlauf für die Tourismuszentren dar, der durch das Netz Mallorca-Menorca charakterisiert wird.

Analyse des tageszeitlichen Verlaufes der Netzbelastung

Die Tagesbelastungskurven weisen für die Kategorien 1, 2 und 3 im Gegensatz zum jahreszeitlichen Verlauf eine deutliche Abhängigkeit von der Netzgröße auf. So ist die in allen Fällen in der Zeit zwischen 18 und 21 Uhr auftretende Lastspitze bei den kleinen Netzen der Kategorien 2 und 3 sehr viel stärker ausgeprägt als bei den größeren Netzen

54

der Kategorie 1. Zu Kategorie 3 ist anzumerken, daß die Repräsentativität des gewählten Lastgangs als gering angesehen werden muß, da die Laststruktur kleiner Netze häufig durch einzelne Verbraucher wie Handwerks- oder kleinindustrielle Betriebe dominiert wird. Der tageszeitliche Verlauf der Tourismuszentren weicht wiederum erheblich von dem der übrigen Netze ab. Er ähnelt stärker der Kurve für die Verbundnetze des nördlichen MMR mit nahezu gleichhohen Maxima mittags und abends. Der Belastungsfaktor (das Verhältnis aus mittlerer Belastung zur Höchstlast) beträgt 80% und liegt damit wesentlich höher als bei den Kategorien 1 bzw. 2 und 3 (55% bzw. 37%). Für Kategorie 4 kann darüber hinaus eine Unterscheidung nach Werktagen und Wochenenden getroffen werden. Der Tagesenergiebedarf am Wochenende beträgt 90% des Bedarfes des zugehörigen Werktages.

Ableitung repräsentativer Stromverbrauchsstrukturen

Bei der Ableitung repräsentativer Stromverbrauchsstrukturen wird analog zu den zentralen Systemen vorgegangen (Abb. 3.4.4 a-c). Die Normierung der Jahresbelastungskurve erfolgt jedoch entsprechend der Klassifikation der Netze nicht auf den Jahresstromverbrauch, sondern auf die Jahreshöchstlast. Die Abb. 3.4.4 b zeigt exemplarisch den Verlauf für die Tourismuszentren. Bemerkenswert ist, daß die Jahresenergiemengen bei einer Höchstlast von 1 MW entsprechend den unterschiedlichen Belastungsfaktoren sehr stark variieren (Kategorie 4: 5120 MWh, Kategorie 2 und 3: 2730 MWh). Für die Verhältnisse von Jahrestiefst- zu Jahreshöchstlast gilt dies entsprechend (Kategorie 4: 30,9 %; Kategorie 2,3: 11,3 %).

Das Ergebnis der Untersuchung für die Inselnetze läßt sich wie folgt zusammenfassen:

Aufgrund der abendlichen Höchstlast ist in den dezentralen Systemen der Kategorien 1 - 3 solarthermische Stromerzeugung nur in Verbindung mit Speichersystemen bzw. fossiler Zusatzfeuerung sinnvoll, die es erlauben, das zeitliche Auseinanderfallen von solarer Erzeugung (tagsüber) und Bedarf (abends) auszugleichen. Für die Integration solarthermischer Anlagen in dezentrale Elektrizitätsversorgungssysteme bieten die nachfrageseitigen Randbedingungen in den Tourismuszentren des südlichen Mittelmeerraumes die günstigsten Voraussetzungen, da der höchste Bedarf während der Sommermonate auftritt. Dem überlagert sich ein tageszeitlicher Lastverlauf mit nahezu gleich hohen Maxima mittags und abends.

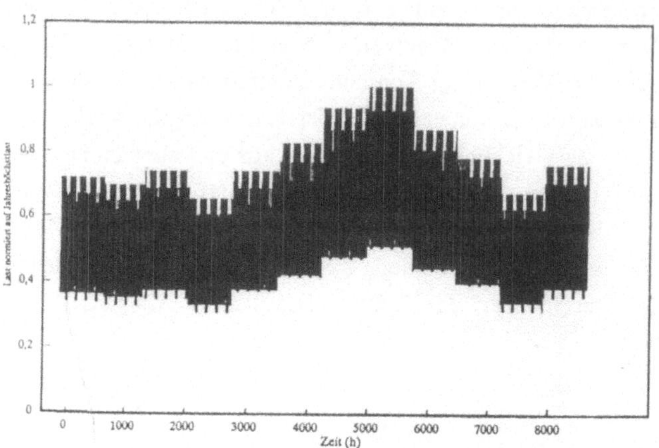

Abb. 3.4.4a: Repräsentative Jahresbelastungskurve dezentrale Versorgungssysteme
Kategorie 4 (Tourismuszentren)

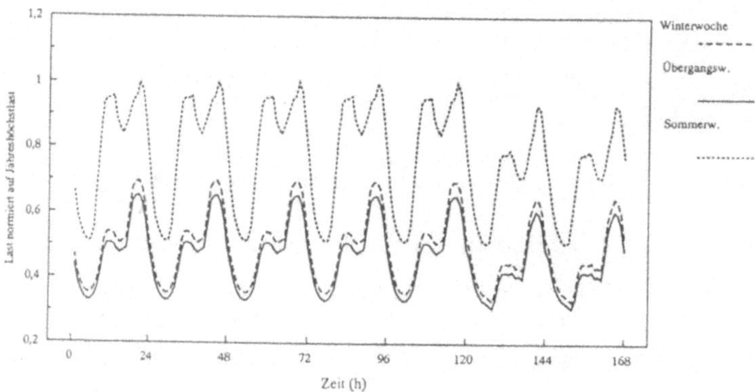

Abb. 3.4.4b: Repräsentative Wochenbelastungskurven dezentrale Versorgungssysteme
Kategorie 4 (Tourismuszentren)

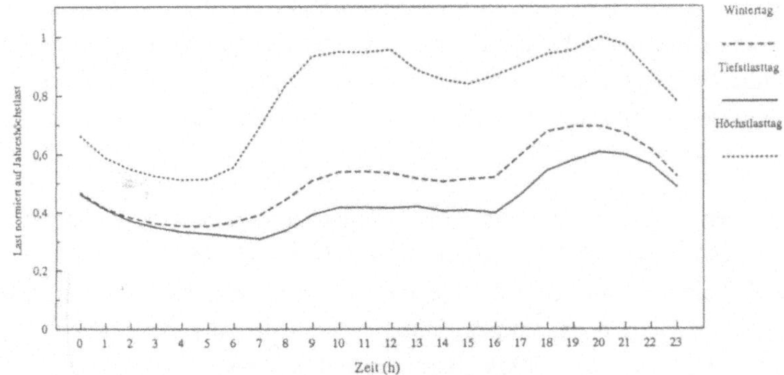

Abb. 3.4.4c: Repräsentative Tagesbelastungskurven dezentrale Versorgungssysteme
Kategorie 4 (Tourismuszentren)

3.5   Technik und Stromgestehungskosten

3.5.1 Übersicht

Auf dem Gebiet der solarthermischen Stromerzeugung wurden in den letzten 15 Jahren
große Fortschritte erzielt. Am weitesten entwickelt sind die drei konzentrierenden, den
solaren Direktstrahlungsanteil nutzenden Systeme (Abb. 3.5.1):

- solarthermische Kraftwerke mit Parabolrinnen

- solarthermische Turmkraftwerke

- solarthermische Dish/Stirling-Anlagen.

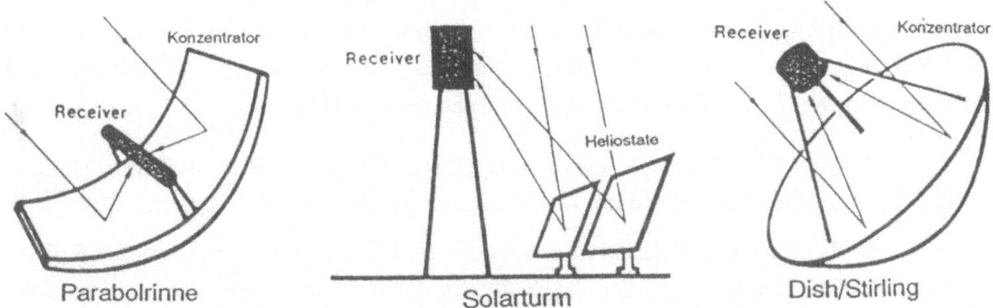

Abb. 3.5.1:   Schema-Vergleich der Konzentrator/Receiver-Anordnung solarthermischer Systeme nach dem Parabolrinnen-, Turm- und
Dish/Stirling-Prinzip

Alle drei solarthermische Technologien haben unterschiedliche öffentliche Förderungen erhalten und können sich heute auf eine mehr oder weniger breite Basis an Betriebserfahrungen und Meßergebnissen gebauter Anlagen, auf Auslegungs-, Aus- und Bewertungsprogramme sowie auf die Entwicklung und Qualifikation fortgeschrittener Komponenten stützen.

Am weitesten entwickelt sind die **Parabolrinnenkraftwerke**, von denen die erste Anlage bereits im Dezember 1984 in Kalifornien ans Netz ging (13,8 MW_e). Seitdem wurden weitere 8 Anlagen mit Blockleistungen von 30 MW_e (6 Anlagen) bzw. 80 MW_e (2 Anlagen) in Betrieb genommen. Die Bauzeiten lagen unter einem Jahr. Insgesamt werden damit zur Zeit ca. 350 MW_e kommerziell betrieben.

Von den **Solarturmanlagen** sind seit 1977 sieben Versuchsanlagen gebaut und betrieben worden. Größtenteils wurden sie nach Abschluß der Versuchsprogramme stillgelegt bzw. als Testanlagen für die weitere Entwicklung genutzt. Die größte Anlage ist die 10 MW_e-Turmanlage in Barstow, Kalifornien, deren Umbau derzeit in den USA durchgeführt wird. Geplant werden gegenwärtig Anlagen für den 30 bis 100 MW-Bereich im Mittelmeerraum bzw. in den USA.

Dish/Stirling-Systeme sind modular aufgebaut und können im Leistungsbereich von 10 kW_e (Leistung der Einzelanlage) bis zu einigen 10 MW_e betrieben werden. Vor allem die Weiterentwicklung des Stirling-Motors mit Solarreceiver hat in den letzten Jahren zur erfolgreichen Erprobung mehrerer Anlagen beigetragen. Den Nachweis eines wartungsarmen und kostengünstigen Dauerbetriebs erwartet man in den nächsten zwei Jahren.

Alle drei Techniken haben einige Eigenschaften gemeinsam, weisen aber auch wesentliche Unterschiede auf (Tab. 3.5.1). Turm-, Parabolrinnen- und Dish/Stirling-Anlagen nutzen dieselbe Primärenergiequelle (direktnormale Sonneneinstrahlung) und dieselbe thermodynamische Energiewandlungskette zur Stromerzeugung. Der Landbedarf der Anlagen liegt bei ca. 3 ha/MW_e. Kennzeichnende Unterschiede bei der Technik zur Umwandlung von Strahlungsenergie in thermische Energie sind:

- Turmanlagen sind mit einem zentralen, ortsfesten Absorber (Receiver) ausgestattet, der vom gesamten Spiegelfeld mit konzentrierter Strahlungsenergie versorgt wird

- bei Parabolrinnen- und Dish/Stirling-Anlagen sind Reflektor und Absorber eine bewegliche Grundeinheit, aus der das Kollektorfeld dann modular aufgebaut werden kann

- in der technischen Konfiguration: hohe Modularität bei Parabolrinnenkraftwerken und

Dish/ Stirling-Anlagen

- im Konzentrationsfaktor: hohe Konzentration bei Dish/Stirling-Anlagen und Turmkraftwerken

- in der Absorbergeometrie

- im Temperaturniveau des Wärmeträgermediums

- in der Nachführungstrategie: einachsig bei Parabolrinnenkraftwerken, zweiachsig bei
Turmkraftwerken und Dish/Stirling-Anlagen

Tab. 3.5.1: Status solarthermische Kraftwerke (1990)

Typ	Installierte Fläche [m^2]	Installierte Leistung [MW_e]	Nettowirkungs-grad [%]	Konzentrations-faktor [-]	Temperatur des Wärmeträger-mediums [°C]
Parabolrinnen	2.250.000	365	10 - 15	< 100	300 - 400
Solarturm	120.000	16	12 - 15	< 800	> 500
Dish/Stirling	85.000	12 MW_{th}, 5 MW_e	15 - 25	< 2.000	< 800

Das ebenfalls zu den solarthermischen Kraftwerken zählende Aufwindkraftwerk wird
wegen seines völlig anderen Arbeitsprinzips hier nicht betrachtet. Bei ihm wird die kine-
tische Energie einer Konvektionsströmung in einem Kamin mittels eines Windturbinen-
generators in elektrische Energie gewandelt. Es wird dabei nicht nur die Direkt-, sondern
auch die Globalstrahlung genutzt. Eine Vielzahl der Ergebnisse für die untersuchten
solarthermischen Systeme können jedoch auf die Aufwindkraftwerke übertragen werden.

Anhand von fünf für den Mittelmeerraum repräsentativen Wetterdatensätzen (vgl. Kapitel
3.2) werden die konzentrierenden solarthermischen Systeme zur Stromerzeugung für den
Leistungsbereich 10 kW_e bis 200 MW_e untersucht. Dabei wird unterschieden zwischen
zentralen, in Verbundnetze einspeisenden Kraftwerken (Turm- und Parabolrinnenkonzept
mit 30 bis 100/200 MW_e Leistung und Dish/ Stirling- Anlagen mit 1 bis 30 MW_e Leistung) und dezentralen, in Inselnetzen oder als "stand-alone"-System betriebenen Anlagen, die auch der Versorgung von Bewässerungseinrichtungen dienen können
(Dish/Stirling-Konzepte für 10 kW_e bis 10 MW_e; Tab. 3.5.2).

Darüber hinaus werden zum Vergleich verschiedene konventionelle, fossil befeuerte
Stromerzeugungsanlagen mit Leistungen von 50 kW_e bis 300 MW_e betrachtet: Klein-
und Großdieselgeneratoren sowie Gas-, Dampf- und kombinierte Gas- und Dampf-
Turbosätze (Tab. 3.5.3).

Tab. 3.5.2:   Untersuchte Anlagenvarianten, Kenndaten und Randbedingungen solarthermischer Kraftwerke

Anlage/	Typ-x	Leistung	Receiver-Kühlmittel	Speicherkapazität 1)	Wandlungssystem	Betriebsweise	Wetter 2)	verfügbar
Turm:	PHOEBUS-5	30 MWe	Luft	3h	Dampfturbine	hybrid	5	1990
	PHOEBUS-n	30 MWe	Luft	3h	Dampfturbine	hybrid	3	2005
	PHOEBUS-1	100 MWe	Luft	6h	Dampfturbine	solar	3	2005
	UTILITY-n	200 MWe	Salzschmelze	6h	Dampfturbine	solar	3	2025
Rinne:	SEGS VII A/LS3	30 MWe	Thermoöl	3h	Dampfturbine	hybrid	5	1990
	SEGS VIII A/LS3	100 MWe	Thermoöl	3h	Dampfturbine	solar	3	1990
	SEGS VII B/LS4	30 MWe	Wasser/Dampf	3h	Dampfturbine	solar	3	2005
	SEGS XIII A/LS4	100 MWe	Wasser/Dampf	1,5h	Dampfturbine	hybrid	3	2005
	SEGS XIII B/LS4	100 MWe	Wasser/Dampf	6h	Dampfturbine	solar	3	2025
Dish:	SBP-1/1	1 MWe	Helium	-	Stirlingmotor	solar	5	1990
	SBP-1/n	1 MWe	Helium	-	Stirlingmotor	solar	5	2005/2025
	SBP-10/n	10 MWe	Helium	-	Stirlingmotor	solar	5	2005/2025
	SBP-30/n	30 MWe	Helium		Stirlingmotor	solar	5	2005/2025

1) Anzahl der Turbinen- Vollaststunden
2) DS 1800/1950/2100/2350/2500 kWh/m².a

Tab. 3.5.3:   Untersuchte Anlagenvarianten konventioneller Kraftwerke

Anlage	Leistung	Brennstoff
Dieselgeneratoren	50/200/500 kW$_e$	Dieselkraftstoff
Dieselgeneratoren	1 / 5 / 10 MW$_e$	HEL
Gasturbogenerator (GT)	30/100 MW$_e$	HEL
Dampfturbine (DT)	100/300 MW$_e$	ÖL
Dampfturbine (DT)	100/300 MW$_e$	Kohle
GuD - Turbosatz (GuD)	100/300 MW$_e$	HEL

3.5.2 Stromerzeugungskosten solarthermischer Anlagen

Die Berechnung der Stromerzeugungskosten solarthermischer Anlagen erfolgt unter ein-
heitlichen finanzmathematischen Randbedingungen. Die wichtigsten sind: Zinsrate 7 %

nominal/a, Abschreibungsdauer 20 a, Devisenkurs 1 US $ = 1,67 DM, Personalkosten 70.000 DM/PJ.

Für die zentralen, im Verbundnetz arbeitenden Solarkraftwerke sind die Ergebnisse in Abb. 3.5.2 a-c aufgetragen, woraus folgendes entnommen werden kann:

- Eine Erhöhung der Jahresenergieausbeute, die zu sinkenden Stromkosten führt ergibt sich mit:

  o ansteigender Anlagenleistung

  o ansteigender Solareinstrahlung (DS 1800 bis DS 2500)

  o der technischen Weiterentwicklung von Komponenten und Systemen

- Kraftwerke von 30 bis 100/200 MW_e nach dem Rinnen- bzw. Turm-Konzept weisen unter den Einstrahlungsbedingungen des MMR Stromerzeugungskosten auf von ca.

  o 0,40 bis 0,32 DM/kWh für hybrid betriebene 30 MW_e-Erstanlagen. (Es wird angenommen, daß Erstanlagen prinzipiell hybrid betrieben werden; Brennstoffpreis für leichtes Heizöl HEL mit 12,05 kWh/kg = 3,57 DM/GJ = 155 DM/Mg).

  o 0,28 bis 0,18 DM/kWh für rein solar mit Speichern betriebene 100/200 MW_e-Serienanlagen. (In anderen ausführlichen Entwurfsstudien wurde auch mit noch höheren Einstrahlungswerten gerechnet, wie sie zum Beispiel in Kalifornien anzutreffen sind (2850 kWh/m^2a). Dabei ergaben sich Stromgestehungskosten bis unter 0,15 DM/kWh).

- Kleinere Stromerzeuger zwischen 1 und 30 MW_e nach dem Dish/Stirling-Konzept zeigen Stromkosten in reinem Solarbetrieb zwischen

  o 1,67 und 1,12 DM/kWh als 1 MW_e-Erstanlage

  o 0,44 und 0,30 DM/kWh als 30 MW_e-Serienanlagen.

Aus den Ergebnissen läßt sich ableiten, daß im Rahmen einer Zubaustrategie kurzfristig zuerst Parabolrinnenanlagen zugebaut werden sollten. Wenn die Turmkraftwerke die Marktreife erreicht haben, werden sie wesentliche Teile des "zentralen" Marktpotentiales übernehmen können.

Für dezentrale, in Inselnetzen oder "stand-alone" betriebene Dish/Stirling-Anlagen lassen sich folgende Stromkosten errechnen:

- 0,97 bis 0,53 DM/kWh für 11 bis 200 kW_e-Anlagen als n-te Serienanlagen im "stand-alone"-Betrieb

- für Inselnetzanlagen zwischen 1 und 30 MW_e sind die Stromkosten identisch mit den

Verbundnetzanlagen.

- Für die dezentral betriebenen Dish/Stirling-Bewässerungsanlagen ergeben sich - in Abhängigkeit der solaren Einstrahlung, Brunnentiefe (5 bzw. 120 m) und Bewässerungsart (Tropfbewässerung bzw. Beregnung) - Wasserförderkosten von:

o 0,96 bis 0,16 DM/m^3 für Erstanlagen von 11 bzw. 100 kW$_e$

o 0,32 bis 0,04 DM/m^3 für 100 kW$_e$-Serienanlagen.

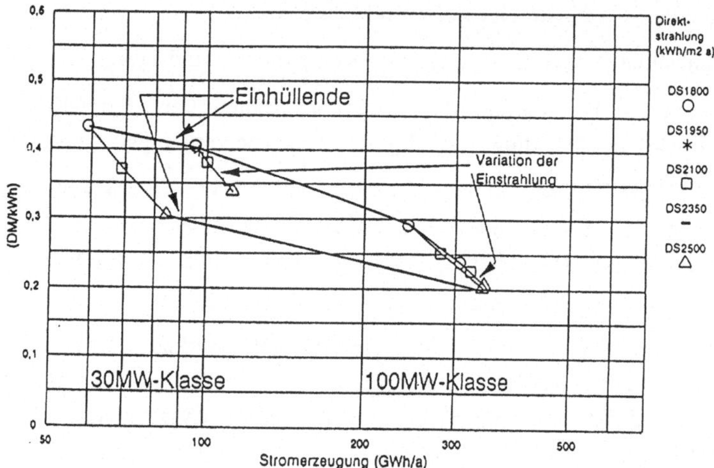

Abb. 3.5.2a: Stromerzeugungskosten solarthermischer Anlagen
Parabolrinnen-Kraftwerke 30-100 MW

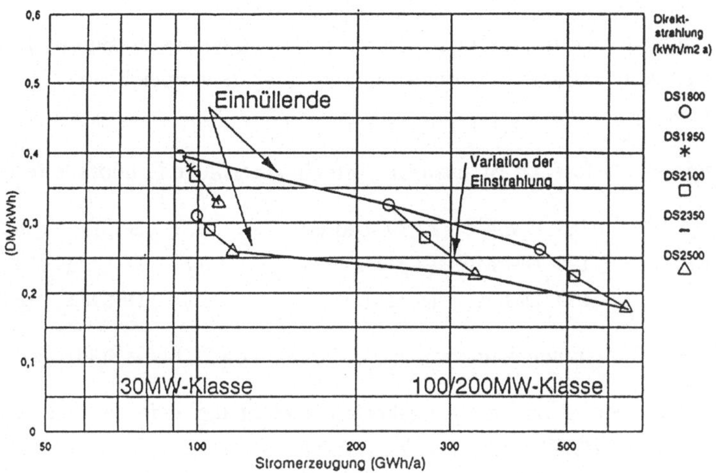

Abb. 3.5.2b: Stromerzeugungskosten solarthermischer Anlagen
Turm-Kraftwerke 30-200 MW

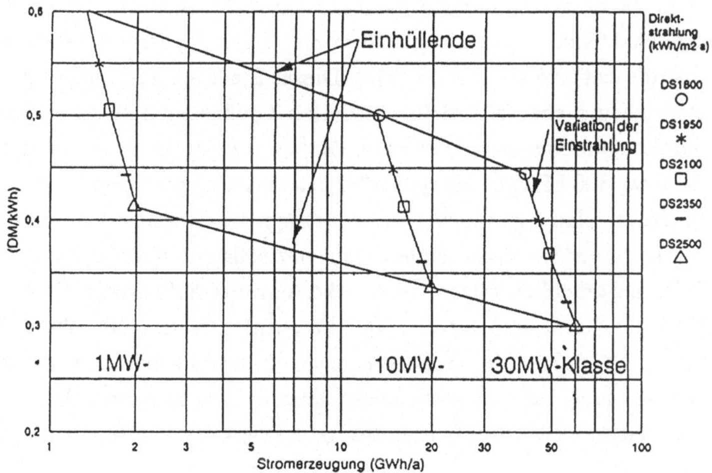

Abb. 3.5.2c: Stromerzeugungskosten solarthermischer Anlagen
Dish/Stirling-Anlagen 1-30 MW

3.5.3 Stromerzeugungskosten konventioneller Vergleichskraftwerke

Den untersuchten solarthermischen Anlagen für den potentiellen Einsatz im Mittelmeerraum werden konventionelle Stromerzeugungsanlagen vergleichbarer Leistungsklassen gegenübergestellt.

Für die eingesetzten fossilen Brennstoffe wird eine preisliche Bandbreite festgesetzt:

- Dieselöl:	0,5 DM/l	(13,89 DM/GJ)	-	2,0	DM/l	(55,54 DM/GJ)
- Heizöl HEL:	100 DM/Mg	(2,31 DM/GJ)	-	600	DM/Mg	(13,89 DM/GJ)
- Steinkohle:	100 DM/Mg	(3,41 DM/GJ)	-	200	DM/Mg	(6,81 DM/GJ)

Die jährliche Vollaststundenzahl variiert im Bereich von 2000 bis 8000 h/a.

Die Ergebnisse der Stromerzeugungskosten-Berechnung sind in den Abb. 3.5.3 a-d "Stromkosten in DM/kWh über Energieertrag/Stromerzeugung in GWh/a" (Energieertrag als Produkt "Leistung x Vollaststunden") aufgetragen mit den Brennstoffkosten als Parameter.

Die Stromerzeugungskosten der kleinen Dieselgeneratoren liegen bei ca. 0,30 DM/kWh - 1,10 DM/kWh je nach Leistungsgröße, Vollaststundenzahl und Brennstoffpreis (Abb. 3.5.3 a).

Für die mit HEL betriebenen Großdieselanlagen 1/5/10 MWe sowie die 30 MW_e-Gasturbinenanlage zeichnet sich ein relativ geschlossenes Band der Stromerzeugungskosten im Bezug zur Energieausbeute ab (Abb. 3.5.3b). Dieser Eindruck wird mit Abb. 3.5.3c nicht vermittelt, da sich die ebenfalls HEL-gefeuerten Großanlagen (Gasturbosatz, Dampfturbosatz und kombinierte Gas- und Dampfanlage) zwar im gleichen Leistungsband bewegen (100 bzw. 300 MW_e), sich typmäßig jedoch stark unterscheiden. Von der jährlichen Betriebsdauer relativ gering beeinflußt, fallen die Stromkosten der Gasturbinenanlage (GT) mit steigender Vollaststundenzahl nur schwach im Vergleich zum Dampfturbosatz (DT), der erheblich höhere Absolutkostenwerte aufweist (z. B. 0,21 DM/kWh statt 0,08 DM/kWh Startkosten für die 100 MW_e-Anlagen bei 200 GWh/a, Brennstoffkosten von 2,31 DM/GJ). Die GuD-Anlage liegt sowohl bei den Kosten mit ca. 0,13 DM/kWh als auch bei der Kostendegression dazwischen, erreicht bei hoher Betriebsdauer aber fast die GT-Stromkosten (ca. 0,06 DM/kWh statt 0,05 DM/kWh, jeweils für 800 GWh/a).

In Abb. 3.5.3d sind die 100 und 300 MW_e DT-Anlagen mit Kohlefeuerung dargestellt, die bei fast gleichen Brennstoffkosten wie für HEL (z. B. 6,81 DM/GJ bzw. 6,92 DM/GJ) die erwarteten, etwas höheren Stromerzeugungskosten aufweisen: z. B. ca. 0,21 DM/kWh bzw. 19 DM/kWh bei 1000 GWh/a.

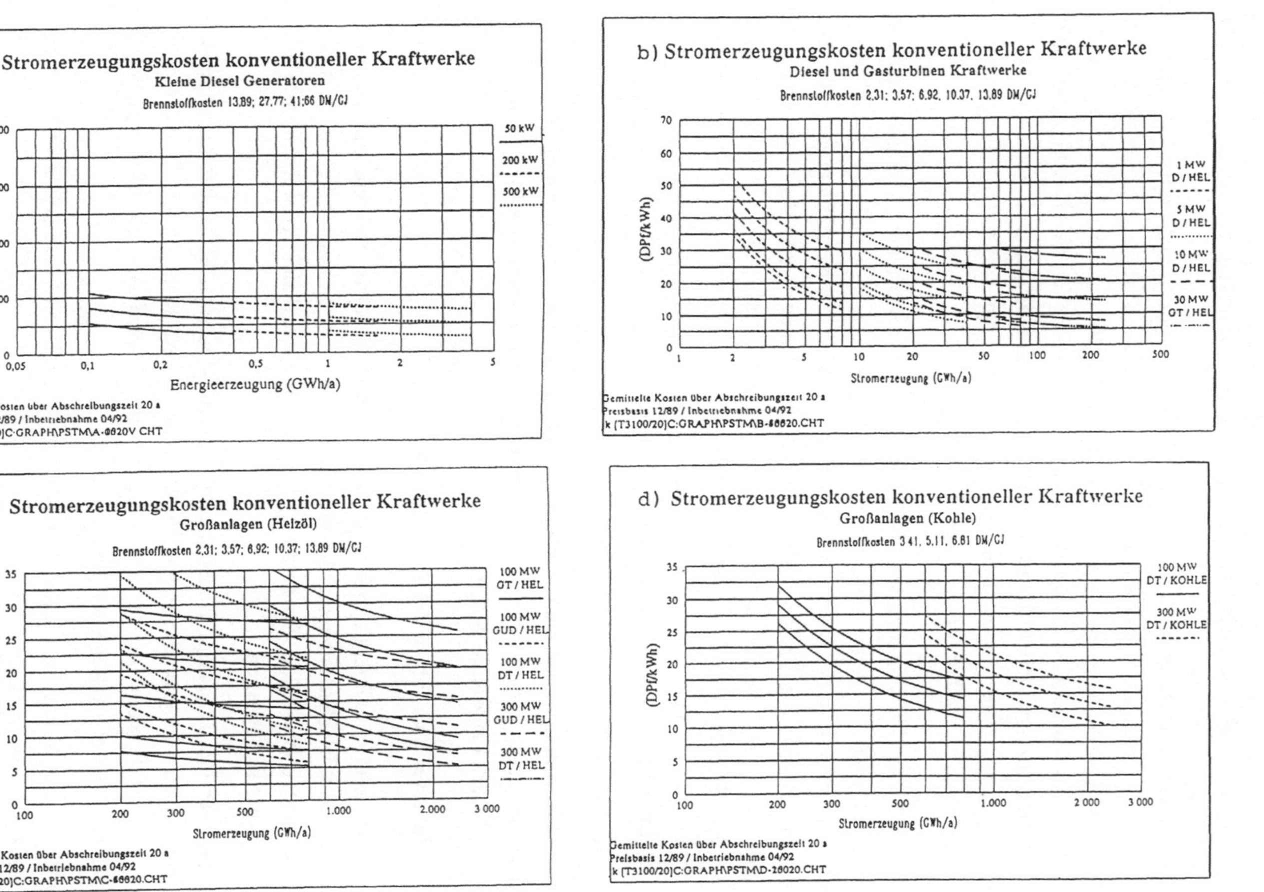

Abb. 3.5.3a-d: Stromerzeugungskosten konventioneller Kraftwerke

65

3.5.4 Vergleich solarthermischer mit konventionellen Anlagen

Die errechneten Stromerzeugungskosten für die konventionellen Vergleichsanlagen sind in Abb. 3.5.4a (zentrale Systeme) und 3.5.4b (dezentrale Systeme) im Vergleich zu den solarthermischen Anlagen aufgetragen. Durch die Variation des Kraftwerktyps, der Leistungsgröße und des Jahres der Inbetriebnahme ergibt sich für die solarthermischen Anlagen das jeweils schraffierte Band der Stromkosten in Abhängigkeit von der jährlichen Stromerzeugung. Die obere Begrenzung gilt für eine Direktstrahlung von ca. 1750 kWh/m^2a, die untere für ca. 2500 kWh/m^2a.

Aus Abb. 3.5.4a läßt sich ableiten, daß sich unter den getroffenen Annahmen durchaus Bereiche ergeben, in denen solarthermische Kraftwerke kostengünstiger als konventionelle Kraftwerke sind. Um dies zu verdeutlichen, sind vor dem Hintergrund der CO_2-Diskussion der Enquete-Kommission des Deutschen Bundestages "Vorsorge zum Schutz der Erdatmosphäre", die dort dargestellten Kostenszenarien in Abb. 3.5.4a eingezeichnet. Neben den Stromgestehungskosten konventioneller Kraftwerke bei heutigen Energiepreisen (1990) werden auch die dort in den unterschiedlichen Szenarien gewählten Annahmen für eine moderate und verstärkte Preissteigerung für das Jahr 2005 zugrunde gelegt.

Für die Berechnung der Stromgestehungskosten von dezentralen Systemen (Abb. 3.5.4b) werden die in abgelegenen Gebieten anzutreffenden Brennstoffkosten von 0,50 bis 1,50 DM/l Diesel zugrunde gelegt.

Insgesamt lassen sich folgende Folgerungen ableiten:

- Bei den heutigen Energiepreisen erreichen die Parabolrinnen- und Solarturmkraftwerke die Wirtschaftlichkeitsschwelle noch nicht. Um dies zu erreichen, müssen externe Kosten (vor allem der fossilen) Systeme mitberücksichtigt werden oder höhere Energiepreise vorliegen.

- Bei moderatem Energiepreisanstieg sind die zentralen solarthermischen Anlagen unter guten Einstrahlungsbedingungen zu konventionellen Kraftwerken konkurrenzfähig. Bei hohen Energiepreisen schneiden die solarthermischen Anlagen immer günstiger ab als konventionelle Energiesysteme.

- Insbesondere kleine dezentrale Serienanlagen erscheinen heute schon in abgelegenen Gegenden wirtschaftlich.

- Die Markteinführung solarthermischer Anlagen muß in Gebieten mit hoher Einstrahlung und hohen Brennstoffkosten beginnen.

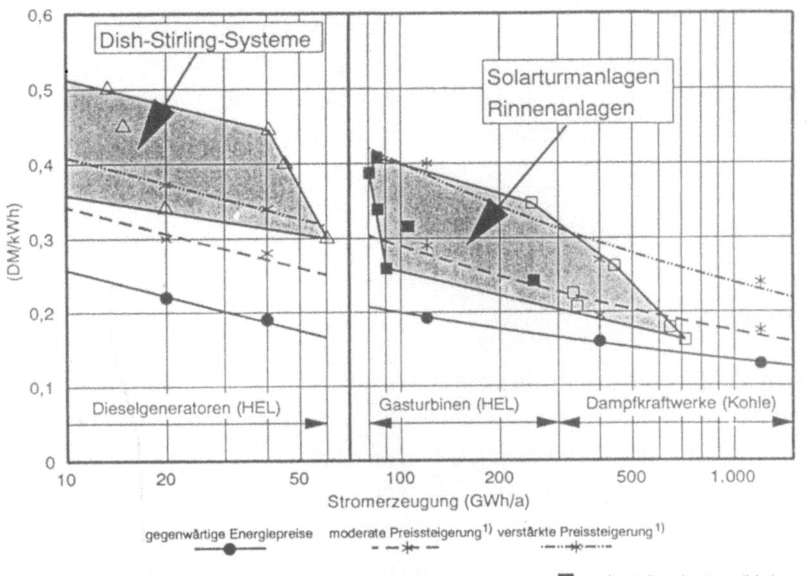

Abb. 3.5.4a: Stromgestehungskosten solarthermischer und konventioneller Kraftwerke von 10 MW_e bis 200 MW_e Leistung (zentrale Systeme)

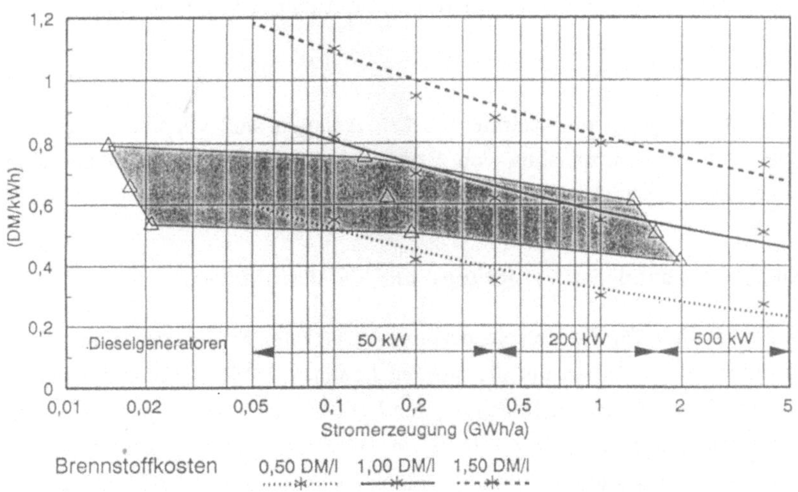

Abb. 3.5.4b: Stromgestehungskosten fortgeschrittener Dish/Stirling-Anlagen (Einheitsleistung 10 kW_e) und von Dieselgeneratoren (dezentrale Systeme)

67

Insgesamt sind die betriebswirtschaftlichen Perspektiven der solarthermischen Stromerzeugung als sehr aussichtsreich zu bezeichnen. Dies gilt umso mehr, wenn man volkswirtschaftliche Aspekte, wie Umweltproblematik, Ressourcenverknappung, Importabhängigkeit und Auslandsverschuldung mitberücksichtigt.

3.6 Vergütungsstrukturen für Solarstrom

3.6.1 Übersicht

Zur Beurteilung der Wirtschaftlichkeit solarthermischer Anlagen reicht die Kenntnis der Stromgestehungskosten nicht aus. Von gleichrangiger Bedeutung ist die Frage der erzielbaren Erlöse bzw. die Höhe des anlegbaren Wertes für die produzierte Elektrizität. Zur Bereitstellung geeigneter, repräsentativer Vergütungsstrukturen können prinzipiell drei Verfahren herangezogen werden:

a) Ermittlung der Erlöse auf der Basis vorhandener Vergütungsstrukturen.

b) Ermittlung des anlegbaren Wertes auf der Basis vermiedener Stromerzeugungskosten gegenüber einem konventionellen Erzeugungssystem (Einzelanlage oder Anlagenpark).

c) Ermittlung des anlegbaren Wertes für die Erzeugung auf der Basis vermiedener Strombezugskosten anhand von Tarifstrukturen (Erzeugung für den eigenen Bedarf).

Darüber hinaus sind Kombinationen (z B. aus a) und c)) möglich.

Für die Stromerzeugung aus solarthermischen Anlagen sind vor allem die erzielbaren Erlöse aus einer Netzeinspeisung von Bedeutung. Die Möglichkeiten zur Ermittlung vermiedener Strombezugskosten werden daher nicht näher betrachtet.

3.6.2 Analyse vorhandener Vergütungs- und Tarifstrukturen

Vergütungsstrukturen für die Netzeinspeisung aus privaten Stromerzeugungsanlagen sind lediglich für Israel verfügbar. Für die übrigen Länder des MMR konnten weder aus der Literatur noch durch direkte Anfragen bei den Elektrizitätsversorgungsunternehmen bzw. den zuständigen Behörden weitere Informationen erlangt werden. In Israel werden nach einer zeitvariablen, linearen Vergütungsstruktur zwischen 3,5 und 12,1 US Cents/kWh - in Abhängigkeit von der Spannungsebene, in die eingespeist wird - vergütet. Dabei liegt das Niveau auf der 400-V-Spannungsebene höher als auf der Mittel- bzw. Hochspannungsebene. Jahreszeitlich erfolgt eine Unterscheidung in Sommer, Winter und Frühjahr/Herbst. Dabei liegen die Preise im Sommer um den Faktor 2 höher als im Frühjahr/Herbst. Für die tageszeitliche Struktur existiert ein dreigliedrigen Tarif. Das Verhältnis von Hoch- : Mittel- : Niedrigtarif beträgt etwa 2,6 : 1,8 : 1. An Werktagen liegt das Vergütungsniveau über dem an Wochenenden (Freitag, Samstag).

Zur Verbesserung der Datenbasis werden Informationen über die Tarifstrukturen für die Verbraucher zusammengetragen, um so Hinweise auf mögliche Erlösstrukturen zu erhalten. Interessant ist dabei die absolute Höhe der Tarife, da die Mehrzahl der Tarife (vor allem in den Ländern des südlichen MMR) nicht auf Marktpreisen basieren, sondern durch politische Zielsetzungen reguliert sind (Abb. 3.6.1). Dies zeigt sich besonders deutlich bei der unterschiedlichen relativen Tarifhöhe von Industrie und privaten Haushalten. Wie aus Abb. 3.6.2 ersichtlich ist, führen nur in den wenigsten Ländern die Tarife zu Einnahmen, die es den Versorgungsunternehmen ermöglichen ihre Stromgestehungskosten, d. h. ihre langfristigen Grenzkosten zu decken. Dies ist umso bemerkenswerter, da viele Länder bereits Untersuchungen zu grenzkostenorientierten Stromtarifen durchgeführt haben. Nach einer Erhebung der Weltbank sind dies in der Ländergruppe der EMENA- Staaten (hierzu zählen die europäischen Länder mit mittlerem Einkommen: Bulgarien, Tschechoslowakei, Griechenland, Ungarn, Polen, Portugal, Rumänien, Türkei und das ehemalige Jugoslawien, sowie die Länder Nordafrikas und des Mittleren Ostens und Afghanistan) 64% der (in der Weltbank-Untersuchung) betrachteten Länder. Davon wenden nur 9% diese Tarife auch an, bzw. haben weitere 9% Pläne zu ihrer Einführung. Die Gründe, weshalb sich grenzkostenorientierte zeitvariable Stromtarife auch in naher Zukunft nicht durchsetzen werden sind vielfältig. Insbesondere in Entwicklungsländern werden die privaten Haushalte aus sozialpolitischen Gründen begünstigt, während Sondervertragskunden in der Regel aus wirtschaftlichen Gründen bevorzugt werden. Hinzu kommen meß- und abrechnungstechnische Aspekte, die die Einführung grenzkostenorientierter "Time-of-Use"-Tarifmodelle einschränken können. In Tabelle 3.6.1 ist eine Auswahl an existierenden Tarifmodellen zusammengestellt. Es zeigt sich, daß rein lineare, verbrauchsabhängige, lineare oder progressive, zeitvariable und sonstige komplexere Regelwerke existieren. Die Verschiedenartigkeit der Tarifmodelle spiegelt gut die vielfältigen Motivationen wider, die mit Entscheidungen für die eine oder andere Struktur verbunden sind. So kann die bereits genannte Subventionierung einzelner Verbrauchergruppen (z. B. der Industrie in Syrien) ebenso das Ziel sein, wie Energieeinsparung (und damit Deviseneinsparung bei Energieimportländern), die zu den verbrauchsmindernd wirkenden progressiven Tarifen (z. B. bei den priv. Haushalten in Ägypten) führen.

Die Analyse vorhandener Erlös-/Tarifstrukturen liefert im Hinblick auf die Festlegung repräsentativer, grenzkostenorientierter Vergütungsstrukturen nur zum Teil brauchbare Ergebnisse. Obwohl die Vergütungsstruktur Israels, wie auch die Tarifstrukturen

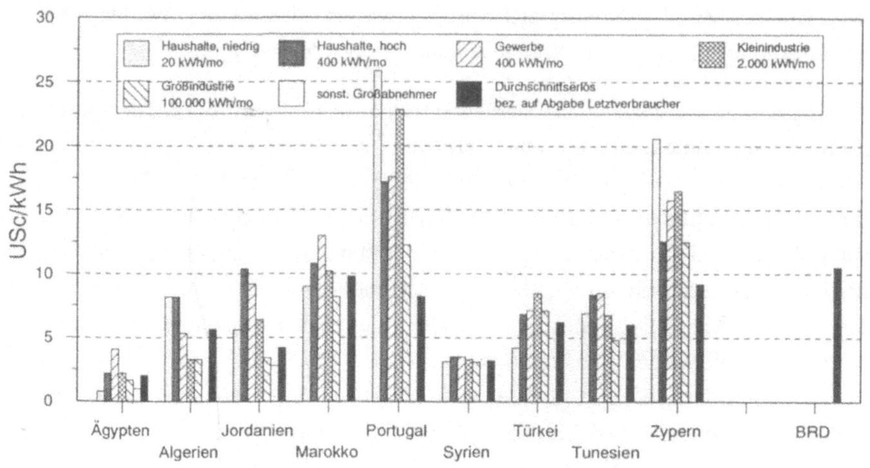

Abb. 3.6.1:   Stromtarife verschiedener Länder im Mittelmeerraum 1988

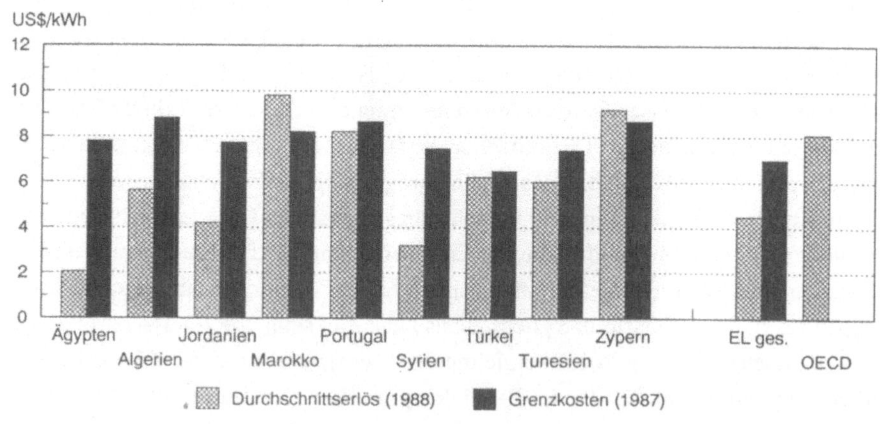

Abb. 3.6.2:   Durchschnittliche Erlöse und langfristige Grenzkosten der
Stromversorgung

Tab. 3.6.1: Tarifstrukturen verschiedener Mittelmeerraum (Auswahl)

Land	Tarif	Sektor	Verbrauch kWh/Monat	Jahreszeit	Uhrzeit	Tarif DPf/kWh	Bemerkung
Portugal	variabel			Sommer 1.Mai - 31.Okt.			Mittelspannung
					23.00- 9.00	9,98	1-45 kV
					9.00-11.30	11,95	Leistungspreis
					13.00-20.30		9,23DM/kW/Monat
					11.30-13.00	20,90	Wechselkurs
					20.30-23.00		01.06.86
				Winter 1.Nov - 30.April			100ESC = 1,141DM
					22.00-8.00	8,51	
					8.00-10.30	11,02	
					12.00-19.30		
					10.30-12.00	19,29	
					19.30-22.00		
Jordanien	variabel						
		Industrie			7.00-23.00	4,48	Mittel- u.
					23.00- 7.00	3,07	Niederspannung
	verbrauchsabhängig						P<500kW
		Haushalte					Wechselkurs
			1-160			6,61	01.10.90
			161-500			12,28	1Dinar = 2,36DM
			>500			14,16	
Syrien	verbrauchsabhängig						
		Industrie	0-50			0,10	Wechselkurs
			51-100			0,12	01.06.86
			101-150			0,18	1SP = 0,504DM
			>150			0,38	
Ägypten	linear						
		Industrie				4,42	Hochspannung
	verbrauchsabhängig						
		Haushalte	0-100			1,48	Mittel-/
			101-200			2,49	Niederspannung
			201-350			3,27	Wechselkurs
			351-500			3,90	15.03.89
			501-650			5,14	1LE = 0,78DM
			651-800			6,24	
			801-1000			7,02	
			1001-2000			8,73	
			2001-4000			10,14	
			>4000			10,92	
Marokko	verbrauchsabhängig						
		Haushalte					Niederspannung
			<500			15,74	
			>500			18,47	
	variabel						
		Industrie					Mittelspannung
					Spitzenlast	17,84	Leistungspreis
					Grundlast	14,27	52,03DM/kVA/a
					Spitzenlast	12,59	Hoch/Höchstspannung
					Grundlast	11,33	Leistungspreis
					???DH/kVA/a		
							Wechselkurs
							15.4.90
							100DLT=20,98DM
Spanien	linear						
		Industrie (auszugsweise)				6,28 mittlere	Hochspannung
							Benutzungsdauer
							Leistungspreis
							10,31DM/kW/Mon
		Haushalte				8,4	Niederspannung
							P < 15 kW
							Leistungspreis
							3,49DM/kW/mon
							Wechselkurs
							23.1.90
							100Ptas=1,56DM

Portugals und Marokkos länderspezifisch anwendbar sind bzw. in Erlösstrukturen über-
tragbar erscheinen, werfen die absolute Höhe der Preise, wie auch die zeitliche Struktur
Probleme hinsichtlich der Kompatibilität mit den im Kapitel IV erarbeiteten, repräsentativen Laststrukturen auf, was die Generierung synthetischer Erlösstrukturen erfordert.

3.6.3 Ableitung von zeitvariablen, linearen Vergütungsstrukturen anhand repräsentativer Laststrukturen

Ausgehend von den unter Kapitel 3.4 (Laststrukturen) beschriebenen Jahresbelastungskurven werden für die zentralen Systeme des nördlichen und südlichen MMR sowie die
dezentralen Systeme der Kategorie 1 - 4 repräsentative zeitvariable lineare Vergütungsstrukturen ermittelt. Da für die zentralen Versorgungssysteme des südlichen MMR in Zukunft eine Veränderung der Stromverbrauchsverhaltens zu erwarten ist, wird für den Zeitraum nach dem Jahr 2005 eine zusätzliche Vergütungsstruktur abgeleitet. Die jeweilige
Höhe der Erlöse unterscheidet sich in allen Fällen nach Tages- und Jahreszeit. In Anlehnung an die jahreszeitlichen Variationen der Netzbelastung werden Perioden eines hohen
und Perioden eines niedrigen Vergütungsniveaus unterschieden (Tabelle 3.6.2), die nicht
mit den Jahreszeiten übereinstimmen müssen. Dem tageszeitlichen Verlauf der Netzbelastung wird in der Weise Rechnung getragen, daß jeweils in eine zwei- bzw. dreigliedrige Struktur differenziert wird, die Grund-, Mittel- und Spitzenlastzeiten widerspiegelt.
Die höchste Vergütung wird in Anlehnung an übliche Ausnutzungsdauern von Spitzen-
lastkraftwerken (ca. 1.500 Vollbenutzungsstunden) täglich für fünf Stunden - während
des sogenannten Hochtarifzeitraums - gezahlt. Ein Mitteltarifzeitraum (stellvertretend für
die Mittellastperiode), existiert nur in der dreigliedrigen Struktur und gilt für 9 Stunden
am Tag. Der Niedertarifzeitraum erstreckt sich auf die übrige Zeit.

Die Bewertung der Vergütung erfolgt in der Weise, daß zunächst auf einen spezifischen
Jahreserlös von 8760 Einheiten/kWa normiert wird. Dies ist gleichzusetzen mit der Maß-
gabe, daß ein kontinuierlich liefernder Einspeiser durch keines der Vergütungsmodelle
schlechter oder besser gestellt wird.

Tab. 3.6.2:   Jahreszeitlicher Verlauf der repräsentativen Vergütungsstruktur [1]

	Jan	Feb	Mär	Apr	Mai	Jun	Jul	Aug	Sept	Okt	Nov	Dez
Nördl. MMR	H——H——H	n	n	n	n	n	n	H——H——H				
Südl. MMR	H——H——H	n	n	H——H——H——H			n	H——H				
Südl. MMR 2005	H——H——H	n	n	H——H——H——H			n	H——H				
Inselnetz Kat 1	H——H——H——H	n	n	n	n	n	n	H——H				
Inselnetz Kat 2,3	H——H——H——H	n	n	n	n	n	n	H——H				
Inselnetz Kat 4	n——n——n——n	H——H——H——H——H——H						n——n				

[1] H = Hochtarifzeitraum; n = Niedertarifzeitraum

Aus der Verknüpfung der jahreszeitlichen und tageszeitlichen Strukturen wurden für die unterschiedlichen Regionen und Länder insgesamt 12 repräsentative Erlösstrukturen abgeleitet.

3.6.4 Erzielbare Erlöse solarthermischer Anlagen

Aufgrund der Vielzahl möglicher Kombinationen von solarem Strahlungsangebot mit den verschiedenen untersuchten solarthermischen Anlagen und Vergütungsstrukturen, werden repräsentative Rahmenbedingungen ausgewählt, die die Ermittlung einiger grundsätzlicher Ergebnisse erlauben:

- Solarstrahlung

  o Direktnormalstrahlung 1950 kWh/m^{2}a, stellvertretend für die Einstrahlungsbedingungen im nördlichen MMR.

  o Direktnormalstrahlung 2500 kWh/m^{2}a, stellvertretend die Einstrahlung im küstenfernen, südlichen MMR.

- Solarthermische Anlage

  Als Referenzanlage wird ein heute bereits baubares Parabolrinnenkraftwerk vom Typ SEGS VIII A/LS3 (Solarvielfaches SM = 1,3) mit einer installierten Leistung von

$100\,\mathrm{MW}_e$ ausgewählt. Folgende Betriebsweisen werden unterschieden:

o ohne Speicher:

solarer Betrieb

o 3h Speicher:

solarer Betrieb; Anlage mit einem thermischen Speicher mit einer Kapazität von drei Nennlaststunden; Betriebsweise des Speichers zur Maximierung der Stromproduktion.

o 3h Speicher maximaler Erlös:

solarer Betrieb; Anlage mit einem thermischen Speicher mit einer Kapazität von drei Nennlaststunden; Betriebsweise des Speichers zur Maximierung der Erlöse.

o 3h Speicher und fossile Zufeuerung:

Anlage mit einem thermischen Speicher mit einer Kapazität von drei Nennlaststunden; Betriebsweise des Speichers zur Maximierung der Erlöse; zusätzliche Zufeuerung im Hochtarifzeitraum zur Erhöhung der Leistungsverfügbarkeit, bzw. der Erlöse.

- Vergütungsstrukturen

Zur Bestimmung des Einflusses der Erlösstruktur auf die erzielbaren Erlöse wird eine zweigliedrige (typisch für den südlichen MMR) und eine dreigliedrige Vergütungsstruktur (typisch für den nördlichen MMR) zugrunde gelegt (Abb. 3.6.3 a, b). Die absolute Höhe der spezifischen Vergütung wird entsprechend der Stromgestehungskosten für konventionelle Stromerzeugungsanlagen ermittelt. Als stellvertretende Technik für ein Spitzenlastkraftwerk (Einsatz im Hochtarifzeitraum) wird eine mit Heizöl betriebene Gasturbine gewählt. Die Erzeugung in der Grundlast (Niedertarif) wird durch ein Kohlekraftwerk abgedeckt. Hieraus ergibt sich unter Berücksichtigung der in Kap. 3.5 festgelegten finanzmathematischen Randbedingungen folgende Kostensituation:

Tab. 3.6.3:   Stromgestehungskosten konventioneller Kraftwerke

Tarifzeitraum	Anlage	Installierte Leistung	Auslastung	Brennstoffkosten	Stromerzeugungskosten
Hochtarif	GT (HEL)	30 MW	2.000 h/a	8,40 DM/GJ	0,20 DM/kWh
Niedertarif	Kohle	300 MW	6.500 h/a	3,07 DM/GJ	0,10 DM/kWh

Die Berechnungen (Abb. 3.6.4a, b) zeigen, daß durch den Einsatz eines thermischen Speichers mit einer Kapazität von 3 Nennlaststunden, eine außerordentliche Erlössteigerung erzielt werden kann. Dies gilt insbesondere für die Verbundnetze des südlichen

MMR, da hier die Hochtarifzeiten nach 17 Uhr auftreten und durch den Speichereinsatz die günstigere Vergütung im Hochtarif genutzt werden kann. Die erzielbaren Gesamterlöse betragen unter den weniger günstigen Einstrahlbedingungen des nördlichen MMR (Direktstrahlung 1950 kWh/m^2 a) und der entsprechenden repräsentativen Vergütungsstruktur 25 Mio DM/a (entsprechend 0,152 DM/kWh). Unter den Randbedingungen im südlichen Mittelmeerraum (Direktstrahlung 2500 kWh/m^2 a und Vergütungsstruktur des südlichen Mittelmeerraumes) liegt der Wert bei über 30 Mio DM/a. Die spezifischen Erlöse sind hier geringer, da der Vorteil der höheren Einstrahlung (und damit Stromproduktion) teilweise durch die ungünstigere Tarifstruktur mit dem Hochtarifzeitraum am Abend aufgezehrt wird, was zu einem höheren Anteil der Einspeisung im Niedertarifzeitraum führt. Die erzielbaren spezifischen Erlöse bei rein solarem Betrieb der Anlage liegen aufgrund des durch den Speichereinsatz erreichbaren hohen Anteils der Einspeisung zu Hochtarifzeiten deutlich höher als die in beiden Vergütungsstrukturen zugrunde gelegte durchschnittliche Vergütung von 0,122 DM/kWh, die dem Erlös eines Bandeinspeisers entspricht.

Der Einsatz thermischer Speicher führt darüber hinaus zu einer Erhöhung der Leistungsverfügbarkeit der Anlagen. Die erzielbare Verfügbarkeit ist maßgeblich dafür, ob solarthermische Anlagen einen wesentlichen Beitrag zur gesicherten Stromversorgung des Kraftwerkssystems leisten können und damit - zusätzlich zu den Erlösen in Höhe der vermiedenen Brennstoffkosten - tatsächlich einen entsprechenden Anspruch auf Vergütung der durch die solare Stromerzeugung vermeidbaren Kapazitätskosten erheben können. Dieser Fixkostenanteil ist in den in Abb. 3.6.3 dargestellten Vergütungsstrukturen bereits enthalten. Maßgeblich für eine Beurteilung ist dabei die erreichbare Verfügbarkeit zu Zeiten knapper Stromerzeugungskapazitäten, also im Hochtarifzeitraum. Im Falle der betrachteten Systeme mit einem 3h-Speicher reicht die erzielbare Verfügbarkeit jedoch nicht aus, um vergleichbare Werte wie konventionelle Kraftwerke zu erreichen. Daher ist in diesen Fällen der additive Einsatz fossiler Brennstoffe (fossile Zufeuerung) unumgänglich. Die einzusetzenden Brennstoffmengen sind jedoch gering, sodaß bei einem fossilen Stromerzeugungsanteil von etwa 20% eine Verfügbarkeit zu Hochtarifzeiten von mindestens 75% erreicht werden kann. Bei einer Zufeuerungsrate von etwa 30% wird der Maximalwert von 100% erreicht (ohne Berücksichtigung der Nichtverfügbarkeit der Anlage aufgrund von Revisionen oder Instandsetzungen). Entsprechend den Zufeuerungsraten ergibt sich eine Zunahme der Erlöse. Bei einer knapp 20%-igen Zufeuerung unter den Bedingungen im südlichen Mittelmeerraum beträgt der erzielbare Erlös 42 Mio DM. Da die fossilen Brennstoffe ausschließlich zu Hochtarifzeiten eingesetzt werden, erhöht sich der spezifische Erlös auf etwa 0,16 DM/kWh. Die Verfügbarkeit im Hochtarifzeitraum beträgt dabei 75%.

Die Betrachtung zeigt, daß solarthermische Kraftwerke unter den Einstrahlungs- und Lastverhältnissen im MMR bei niedrigen fossilen Zufeuerungsraten eine Verfügbarkeit erreichen können, die weitgehend der fossiler Anlagen entspricht. Die daraus resultierenden Erlöse liegen nur geringfügig unter den Stromgestehungskosten. Eine Erhöhung der Preise für fossile Brennstoffe würde das Verhältnis von Stromgestehungskosten und erzielbaren Erlösen zu Gunsten der solarthermischen Anlagen verschieben, da deren Stromgestehungskosten sehr viel unsensibler gegenüber Preissteigerungen sind, als die der konkurrierenden fossilen Kraftwerke.

Die Ausschöpfung der vorhandenen Kostenreduktionspotentiale bei den solarthermischen Anlagen einerseits sowie die Steigerung der erzielbaren Erlöse durch eine Erhöhung der Preise für fossile Brennstoffe sind damit die maßgeblichen Effekte, die bereits in wenigen Jahren zu einer betriebswirtschaftlichen Rentabilität solarthermischer Kraftwerke führen können.

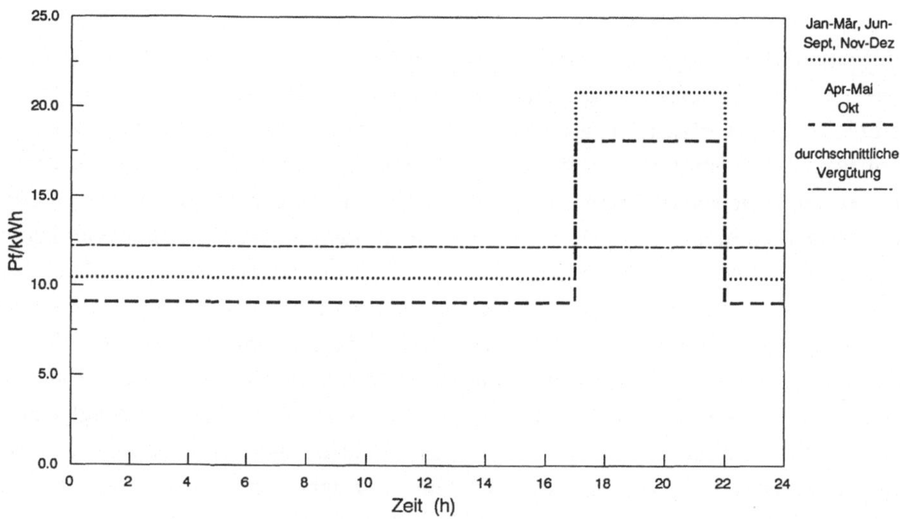

Abb. 3.6.3a: Repräsentative Vergütungsstruktur T2 südlicher Mittelmeerraum

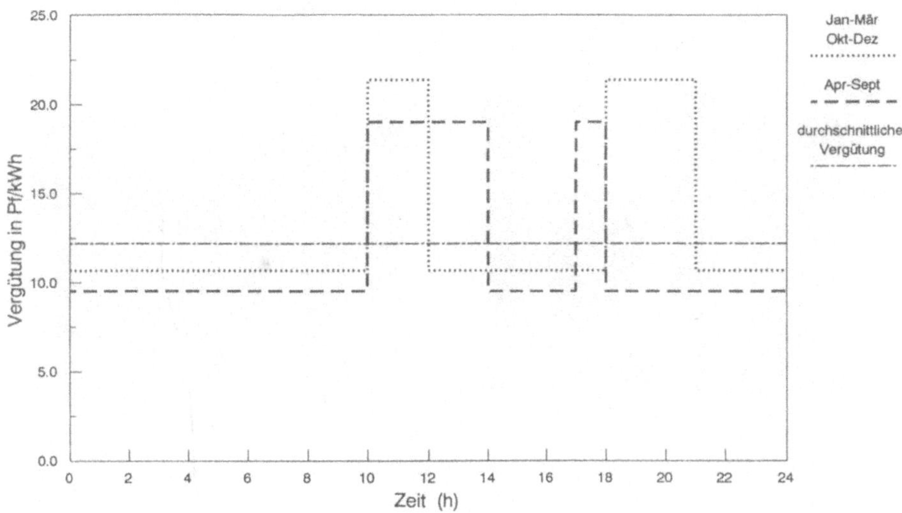

Abb. 3.6.3b: Repräsentative Vergütungsstruktur T1 nördlicher Mittelmeerraum

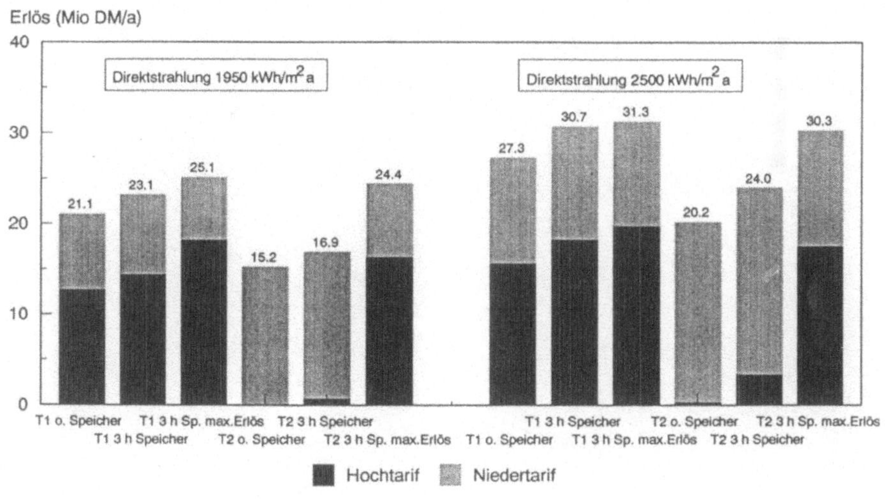

Abb. 3.6.4a: Erlöse aus dem Stromverkauf
SEGS VIII A 100 MW / LS3 / SM 1,3

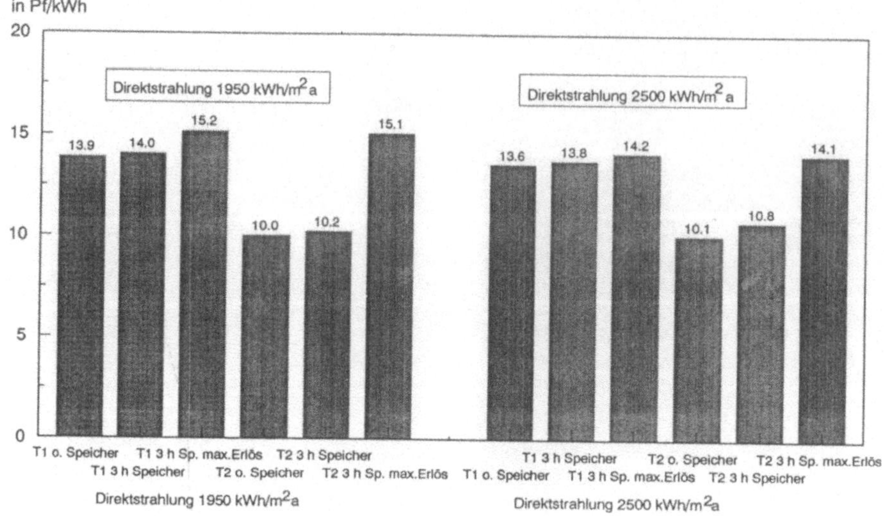

Abb. 3.6.4b: **Spezifische Erlöse**
SEGS VIII A 100 MW / LS3 / SM 1,3#

4 Potentialermittlung solarthermischer Stromerzeugung

4.1 Übersicht

Die Ermittlung der Potentiale solarthermischer Anlagen im Mittelmeerraum erfolgt in mehreren Stufen (Potentialkaskade, vgl. Abb. 4.1.1). Die wichtigsten Parameter wie das solare Strahlungsangebot, die verfügbaren Flächen, die Laststrukturen, die Technik und Wirtschaftlichkeit der solarthermischen Anlagen, sowie die energiewirtschaftlichen Rahmenbedingungen, schränken die Potentiale systematisch ein. Da bis auf die Einstrahlung und im wesentlichen auch die verfügbaren Flächen alle Parameter veränderbar und durch entsprechende technische, wirtschaftliche und politische Aktivitäten beeinflußbar sind, kann die Interpretation aller Potentialangaben nur in Verbindung mit den entsprechenden Annahmen vorgenommen werden. Die Abbildung zeigt die Zuordnung der einzelnen Potentialbegriffe und der wichtigsten Einflußgrößen. Das "Ausschöpfungspotential" ist eine Variable der von energiepolitischen Vorgaben abhängigen Ausschöpfungsmöglichkeiten des technisch- wirtschaftlichen Potentials.

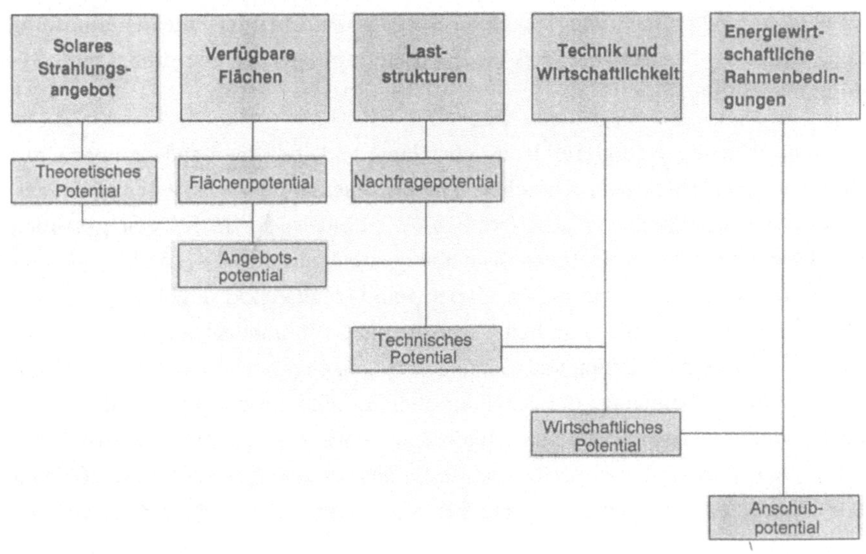

Abb. 4.1.1:   Potentialkaskade

Die verschiedenen Potentiale werden jeweils mit unterschiedlicher Intention berechnet. Dies hat im Kontext mit der Qualität der vorhandenen Datenbasis Einfluß auf die Genauigkeit der jeweiligen Ergebnisse. Die zur Bestimmung der Potentiale zugrunde gelegten Basisdaten werden den einzelnen Teilen in Band II entnommen. Dabei ist es zum Teil notwendig, divergierende Werte aneinander anzupassen, um für alle Größen eine einheitliche Bezugsbasis zu schaffen. Dies führt in einigen Ausnahmefällen dazu, daß Gesamtdaten im Band I nicht exakt mit den Einzeldaten in Band II übereinstimmen. Die Abweichung beträgt jedoch maximal 10 %; die grundsätzlichen Aussagen werden dadurch nicht verändert.

Zwei Beispiele sollen dies verdeutlichen: So umfaßt die Landfläche für die Berechnung der verfügbaren Flächen Marokko einschließlich der Westsahara. Diese ist bei den Einstrahlungsverhältnissen nicht erfaßt, da die Meteosatdaten für dieses Gebiet nicht vorliegen. Ein weiterer Punkt ist die zeitliche Zuordnung der Ergebnisse. Es werden 3 Stützstellen gewählt: 1990, 2005, 2025. Die Stützstellen beziehen sich dabei grundsätzlich auf den Zeitraum um das Bezugsjahr und nicht exakt auf das Jahr. Synonym dazu werden in den einzelnen Kapiteln die Begriffe kurz-, bis mittel- (für 2005) und langfristig (für 2025) verwendet.

Die Unterscheidung in zentrale und dezentrale Systeme wird bei der Potentialermittlung beibehalten, wobei zu beachten ist, daß die Bearbeitungstiefe bei den dezentralen Systemen prinzipiell geringer ist.

Die Potentialabschätzung erfolgt für jedes einzelne Land, für die Landesgruppen des nördlichen (Albanien, Frankreich, Griechenland, das ehemalige Jugoslawien, Portugal, Spanien, Türkei) und südlichen MMR (restliche 10 Länder) sowie für den gesamten MMR. Die Potentiale für die zentralen Systeme werden nur für die Länder auf dem Festland ausgewiesen, d. h. die Inseln Zypern und Malta sind nicht erfaßt. Eine Ausnahme bildet Sizilien, welches Italien - wegen seines Verbundnetzanschlusses - zugeordnet wird. Die Inseln Sardinien und Korsika verfügen ebenfalls über einen Anschluß an das europäische Verbundnetz. Je nach Fragestellung sind sie den Inseln oder direkt den Ländern Italien bzw. Frankreich zugeordnet. Die Potentiale solarthermischer Anlagen für den dezentralen Einsatz in ländlichen, zumeist nicht elektrifizierten Regionen werden exemplarisch nur an einem Beispiel (Tunesien) detailliert untersucht.

4.2. Theoretisches Potential

Mit Hilfe der repräsentativen Direktstrahlungsklassen läßt sich ein theoretisches Stromer-

zeugungspotential ermitteln. Die der Rechnung zugrunde gelegten Faktoren sind in
Tabelle 4.2.1 angegeben. Die flächenspezifische Stromerzeugung und der Flächenbedarf
solarthermischer Kraftwerke liegt zwischen 72 GWh/km^{2}a (50 km^2/GW) bei schlechten
und 120 GWh/km^{2}a (30 km^2/GW) bei guten Einstrahlungsbedingungen. Dabei ist der
Flächenbedarf für Turm- und Parabolrinnenanlagen in etwa identisch. Für beide Systeme
wird angenommen, daß ein thermischer Speicher vorhanden ist, mit dem eine Vollast-
stundenzeit von 3600 h/a gewährleistet werden kann.

Tabelle 4.2.1:   Faktoren zur Ableitung des theoretischen Potentials

Direkt- strahlungs- klasse	Fläche je Klasse [10^3km^2]	Spezifische Stromerzeugung [GWh/km^2 a]	Spezifische Leistung [km^2/GW]
DS-1800	1118	72	50
DS-1950	1424	80	45
DS-2100	1319	90	40
DS-2350	2224	103	35
DS-2500	396	120	30
Gesamt	6480	95	38

Mit diesen Annahmen ergibt sich für den gesamten MMR ein theoretisches Potential von
ca. 589 $\cdot$ 10^3 TWh/a Stromerzeugung bzw. ca. 164 $\cdot$ 10^3 GW an installierbarer Leistung
(Tab. 4.2.2). Dies entspricht mehr als dem 600-fachen der gesamten derzeit installierten
Kraftwerksleistung. Das theoretische Potential solarthermischer Anlagen im
Mittelmeerraum ist damit bei weitem ausreichend, um den Strombedarf auch in Zukunft
zu decken. Bezieht man das theoretische Potential - welches unabhängig von der Zeit ist -
auf die zu erwartende Stromerzeugung für das Jahr 2005 bzw. 2025, so beträgt das
theoretische Potential immer noch ca. das 400-fache.

Ordnet man das gesamte theoretische Flächenpotential den Einstrahlungsklassen zu, so
entfallen auf DS 1800 = 11,1 %; DS 1950 = 19,4 %; DS 2100 = 20,9 %; DS 2350 =
40,2 % und DS 2500 = 8,4 %, d. h. ca. 50 % entfallen auf die Einstrahlungsklassen DS
2350 und DS 2500. Der Nord/Süd-Vergleich des theoretischen Potentials zeigt ein umge-
kehrtes Verhältnis im Vergleich zur derzeit installierten gesamten Kraftwerksleistung.
96,4 % des theoretischen Potentials liegen im Süden des MMR.

Länderspezifisch differiert das theoretische Potential sehr stark:

- Albanien, Frankreich und das ehemalige Jugoslawien verfügen über kein solarthermisches Stromerzeugungspotential, da nach dem heutigen Kenntnisstand die
  Einstrahlungsbedingungen für einen sinnvollen Betrieb solarthermischer Kraftwerke
  nicht ausreichend sind.

81

- Einen Faktor unter 50 für das Verhältnis des theoretischen Potentials zu den aktuellen Daten für Stromerzeugung und Kraftwerksleistung weisen Spanien, Griechenland, Portugal und Italien auf. Italien verfügt im Jahr 2025 mit 5,7 über den niedrigsten Faktor. Damit könnten diese europäischen Länder theoretisch langfristig ihren Strombedarf mit solarthermischen Kraftwerke decken.

- Die MMR-Inseln weisen ein theoretisches Potential von ca. $0,8 \cdot 10^3$ GW auf (Faktor 800).

- 80 % des theoretischen Potentials liegen in den drei Ländern Algerien, Libyen und Ägypten, insbesondere bedingt durch deren hohen Flächenanteil.

- Die südlichen Flächenstaaten (Libyen, Algerien, Marokko, Ägypten, Jordanien, Tunesien, Syrien) weisen Faktoren von über 1000 auf, mit dem Maximum von 22.200 für Libyen. Durch die relativ hohen Steigerungsraten des Stromverbrauchs reduzieren sich die Werte für 2025 auf maximal 7500; die Einzelfaktoren betragen für die oben genannten Länder mit Ausnahme von Tunesien weiterhin über 1000.

Tab. 4.2.2:   Theoretisches Potential (TP) und Verhältnis TP/Basisdaten für solarthermische Anlagen im MMR

	1990/2005/2025		1990		2005		2025	
	Strom-erzeugung	Kraftw.-	Faktor TP/Basisdaten		Faktor TP/Basisdaten		Faktor TP/Basisdaten	
Länder	erzeugung TWh/a	Kapazität GW	Strom-erzeugung	Kraftw.-Kapazität	Strom-erzeugung	Kraftw.-Kapazität	Strom-erzeugung	Kraftw.-Kapazität
Ägypten	93969	26103	2677	2585	1601	1546	1380	1332
Albanien	0	0	0	0	0	0	0	0
Algerien	216586	60163	16224	15684	6389	6176	4845	4684
Frankreich	0	0	0	0	0	0	0	0
Griechenland	720	200	23	23	17	17	15	15
Israel	1784	495	97	120	63	79	56	70
Italien	1280	355	6	6	5	6	5	6
Jordanien	8446	2346	2725	2377	1760	1919	1536	1674
Jugoslawien	0	0	0	0	0	0	0	0
Libanon	910	253	198	309	84	131	66	103
Libyen	160294	44526	11209	22263	4828	9589	3772	7491
Marokko	63582	17662	7225	9485	3974	5217	3329	4370
Portugal	360	100	16	16	10	10	9	9
Spanien	4978	1383	38	38	30	30	28	28
Syrien	14133	3926	2019	1345	918	612	725	483
Tunesien	8218	2283	1826	1614	1015	897	865	765
Türkei	11138	3094	248	248	110	110	99	98
Inseln	2876	799	240	274	170	195	151	173
Nord MMR	21352	5931	24	25	18	18	17	17
Süd MMR	567921	157756	5201	5620	2717	2972	2232	2446
Gesamt	589273	163687	582	609	431	436	394	399

4.3   Angebotspotential

Das Kriterium für die Ermittlung des Angebotspotentials stellen die prinzipiell verfügbaren Standortflächen dar. Dabei wird in ein kurz- bis mittelfristiges (1990/2005) und in
ein langfristiges Potential (2025) unterschieden. Für solarthermische Stromerzeugung
nicht nutzbar sind Flächen mit Globalstrahlungswerten kleiner 1700 kWh/m^{2}a, Ge-
wässerflächen, Siedlungsflächen (soweit zuordenbar), Wald, Sandwüsten und alle
Landschaften, die einen Steigungswinkel größer 5 % aufweisen (sog.
Ausschlußkriterien). Als eingeschränkt nutzbar werden Ackerland, Wiesen und
Dauerweiden berücksichtigt, d. h. sie werden jeweils nur zu einem bestimmten
Prozentsatz als nicht geeignete Standorte für zentrale solarthermische Anlagen betrachtet
(sog. begrenzende Kriterien). Bei der Herleitung der kurz- bis mittelfristig zur Verfügung
stehenden Angebotspotentiale (MBS) wird darüberhinaus eine zusätzliche Einschränkung
getroffen, die die notwendige Infrastruktur betrifft. Es wird davon ausgegangen, daß potentielle Standorte für solarthermische Anlagen nicht weiter als maximal 50 km von
einem Stromnetz bzw. einer Straße entfernt sein sollten, da ansonsten die erforderliche
Infrastrukturanbindung die Kosten der Anlagen unverhältnismäßig erhöhen wird. Für die
Jahre 1990 und 2005 werden keine getrennten Analysen durchgeführt, da sich für das
Kriterium "Verfügbare Flächen" in dieser Zeit keine signifikanten Änderungen ergeben
werden.

Die einzelnen kurz- bis mittelfristig zur Verfügung stehenden Angebotspotentiale werden
anhand der Faktoren in den Tabellen 4.3.1 und 4.3.2 berechnet. Bedingt durch das
Kriterium Netz- und Verkehrsanbindung ergibt sich eine Veringerung des kurz- bis
mittelfristigen Angebotspotentials im Vergleich zum langfristigen Angebotspotential vor
allem für die nordafrikanischen Ländern. Denn hier befinden sich Städte sowie Handels-
und Industriezentren in aller Regel in einer küstennahen Region, also im Norden dieser
Länder. Die Zuordnung des kurz- bis mittelfristigen Angebotspotentials (MBS) zu den
Einstrahlungsklassen zeigt deshalb eine starke Verschiebung zu den niedrigen
Einstrahlungklassen hin. Entfielen beim theoretischen Potential noch 40 % auf die
Direktstrahlungsklasse DS-2350, so sind dies beim Angebotspotential nur noch 19,5 %.
Die einzelnen Werte lauten: DS-1800 = 17,6 %; DS-1950 = 34,0 %; DS 2100 = 22,9 %;
DS-2350 = 19,5 %; DS-2500 = 6,0 %.

Dies macht deutlich, daß eine sorgfältige Standortauswahl für solarthermische Kraftwerke auch in den südlichen Mittelmeerländern von Bedeutung ist.

Tabelle 4.3.1 zeigt die Zusammenfassung der Ergebnisse in Absolutzahlen, Tabelle 4.3.2
das Verhältnis des Angebotspotentials zum jeweiligen aktuellen Wert der

Stromerzeugung bzw. der Kraftwerkskapazität im Bezugsjahr. Für 1990/2005 beträgt das gesamte kurz- bis mittelfristig zur Verfügung stehende Angebotspotential $12{,}1 \cdot 10^3$ GW bzw. $43{,}1 \cdot 10^3$ TWh/a (MBS). Dies ist das 45-fache der 1990 installierten Kraftwerkskapazität. Bezieht man das Angebotspotential auf die Stromdaten für 2005, reduziert sich der Verhältnisfaktor auf 32,4.

Aus der Analyse des kurz- bis mittelfristigen Angebotspotentiales ergibt sich, daß auch unter Berücksichtigung der Bodenbeschaffenheit und -nutzung sowie infrastruktureller Kriterien sowohl im nördlichen als auch im südlichen MMR mehr als genügend geeignete Flächen zur Deckung des Strombedarfs aus solarthermischen Kraftwerken vorhanden sind.

93,2 % des Angebotspotentials liegen im südlichen MMR ($11{,}3 \cdot 10^3$ GW im Süden gegenüber $0{,}83 \cdot 10^3$ GW im Norden). Dies bedeutet, daß das Angebotspotential kurz- bis mittelfristig im Norden noch um den Faktor 3,5 (1990) bzw. 2,6 (2005) über den Ist- bzw. Plandaten der Stromerzeugungskapazitäten liegt.

Tab. 4.3.1:   Angebotspotential (AP) solarthermischer Anlagen im MMR

Länder	1990/2005/2025 (MBS)		2025 (LBS)	
	Strom-erzeugung Solar TWh/a	Kraftwerks-kapazität Solar GW	Strom-erzeugung Solar TWh/a	Kraftwerks-kapazität Solar GW
Ägypten	15251	4236	77817	21616
Albanien	0	0	0	0
Algerien	1982	551	157517	43755
Frankreich	0	0	0	0
Griechenland	180	50	180	50
Israel	729	202	840	233
Italien	292	81	292	81
Jordanien	1457	405	6095	1693
Jugoslawien	0	0	0	0
Libanon	306	85	350	97
Libyen	9914	2754	127085	35301
Marokko	9008	2502	35781	9939
Portugal	72	20	72	20
Spanien	878	244	878	244
Syrien	1195	332	9008	2502
Tunesien	936	260	4368	1213
Türkei	1456	404	3276	910
Inseln	115	32	575	160
Nord MMR	2994	832	5274	1465
Süd MMR	40778	11327	418861	116350
Gesamt	43771	12159	424134	117815

MBS: Mittelfristig begrenztes Potential
LBS: Langfristig begrenztes Potential

Tab. 4.3.2:   Verhältnis TP/Basisdaten für solarthermische Anlagen im MMR

Länder	1990 (MBS)		2005 (MBS)		2025 (MBS)		2025 (LBS)	
	Faktor AP/Basisdaten Strom-erzeugung	Kraftw.-Kapazität	Faktor AP/Basisdaten Strom-erzeugung	Kraftw.-Kapazität	Faktor AP/Basisdaten Strom-erzeugung	Kraftw.--Kapazität	Faktor AP/Basisdaten Strom-erzeugung	Kraftw.-Kapazität
Ägypten	434,5	419,5	259,8	250,9	224,0	216,2	1142,7	1103,3
Albanien	0,0	0,0	0,0	0,0	0,0	0,0	0,0	0,0
Algerien	148,5	143,5	58,5	56,5	44,3	42,9	3523,9	3406,6
Frankreich	0,0	0,0	0,0	0,0	0,0	0,0	0,0	0,0
Griechenland	5,9	5,8	4,2	4,2	3,8	3,8	3,8	3,8
Israel	39,5	48,9	25,9	32,1	23,0	28,5	26,5	32,8
Italien	1,3	1,4	1,2	1,3	1,2	1,3	1,2	1,3
Jordanien	470,0	410,0	303,5	330,9	264,9	288,8	1108,2	1208,3
Jugoslawien	0,0	0,0	0,0	0,0	0,0	0,0	0,0	0,0
Libanon	66,6	103,9	28,4	44,2	22,2	34,6	25,4	39,6
Libyen	693,3	1377,0	298,6	593,1	233,3	463,3	2990,2	5939,0
Marokko	1023,6	1343,8	563,0	739,1	471,6	619,1	1873,3	2459,3
Portugal	3,1	3,2	2,0	2,1	1,8	1,9	1,8	1,9
Spanien	6,7	6,8	5,3	5,4	4,9	5,0	4,9	5,0
Syrien	170,7	113,7	77,6	51,7	61,3	40,8	461,9	307,8
Tunesien	207,9	183,8	115,5	102,1	98,5	87,1	459,8	406,5
Türkei	32,4	32,4	14,4	14,4	12,9	12,9	29,0	28,9
Inseln	9,6	11,0	6,8	7,8	6,0	6,9	30,1	34,6
Nord MMR	3,3	3,5	2,6	2,6	2,4	2,4	4,3	4,2
Süd MMR	373,5	403,5	195,1	213,4	160,3	175,6	1646,5	1803,7
Gesamt	43,2	45,3	32,0	32,4	29,3	29,7	283,9	287,4

Die Rangordnung der einzelnen Länder zueinander hat sich beim Angebotspotential gegenüber dem theoretischen Potential stark verändert. Algerien zum Beispiel liegt mit einem Angebotspotential von 551 GW hinter Ägypten (4236 GW), Libyen (2754 GW) und Marokko (2502 GW) mit deutlichem Abstand auf Rang 4 gegenüber Rang 1 beim theoretischen Potential.

Für das langfristige Angebotspotential werden zwei Varianten dargestellt. Einmal wird davon ausgegangen, daß nur das kurz- bis mittelfristig zur Verfügung stehende Flächenpotential MBS auch langfristig zur Verfügung steht (Fall 1 in Tab. 4.3.1 linke Seite). Die Potentialwerte werden auf die Stromdaten 2025 bezogen. Zum anderen wird das langfristig zur Verfügung stehende Angebotspotential basierend auf dem Flächenpotential LBS mit $117,8 \cdot 10^3$ GW (bzw. $424,1 \cdot 10^3$ TWh/a) auf die Stromdaten 2025 bezogen (Fall 2, Verbundnetz). Im ersten Fall wird angenommen, daß länderweise nur einzelne Kraftwerke zur Eigenversorgung gebaut werden, d. h. daß das kurz- bis mittelfristig wesentlichste Kriterium, nämlich die 50-km-Einschränkung, auch langfristig Gültigkeit hat. Im zweiten Fall wird angenommen, daß ein Verbundnetz für den gesamten MMR bzw. für den südlichen MMR besteht, so daß große Kraftwerksparks erstellt werden können, für die sich eine Erweiterung der Infrastruktur lohnt. Die Zuordnung des langfristigen Angebotspotentials (LBS) zu den Einstrahlungsklassen entspricht dem Vorgehen bei der Ermittlung des theoretischen Potentiales.

Für den Fall 1 ergibt sich für den gesamten MMR das Verhältnis von Angebotspotential ($12{,}1 \cdot 10^3$ GW) zu Stromerzeugung bzw. installierter Leistung im Jahr 2025 zu 29,7, im zweiten Fall bei einem Angebotspotential von $117{,}8 \cdot 10^3$ GW zu 287,4. Auch hier gilt, daß selbst für die ungünstige Variante (Fall 1) ein Vielfaches der benötigten Fläche zur Deckung des Strombedarfs zur Verfügung steht.

Erwartungsgemäß sind die Werte für den nördlichen und den südlichen MMR stark unterschiedlich. Im nördlichen MMR liegt das langfristige Angebotspotential im Fall 1 ($0{,}832 \cdot 10^3$ GW) um den Faktor 2,4 bzw. im Fall 2 ($1{,}46 \cdot 10^3$ GW) um den Faktor 4,2 über der Nachfrage. Im wesentlichen wird dies bestimmt durch die hohe Nachfrage in Frankreich und Italien, dem nur ein größeres Angebot von $0{,}41 \cdot 10^3$ GW bzw. $0{,}91 \cdot 10^3$ GW in der Türkei gegenübersteht. Insgesamt ist aber das Angebotspotential im Norden ausreichend, um auch langfristig den Bedarf zu decken.

Die Analyse der einzelnen Länder zeigt, daß mit wenigen Ausnahmen in den nördlichen Ländern ein Vielfaches an verfügbarer Fläche im Verhältnis zum Bedarf vorhanden ist. Kritisch sind - neben den Ländern Albanien, Frankreich und dem ehemaligen Jugoslawien, in denen das Angebotspotential aufgrund des theoretischen Potentials Null ist - die Länder Italien, Portugal, Spanien und Griechenland. Die Faktoren liegen dort zwischen 1,4 und 6,8 für 1990 bzw. zwischen 1,3 und 5,0 für 2025. In diesen Ländern wird eine genauere Flächenanalyse als die vorliegende voraussichtlich das Potential eher noch reduzieren als vergrößern, da ein Großteil der Flächen intensiv genutzt wird.

Im südlichen MMR unterscheidet sich das langfristige Angebot (Fall 2: $116 \cdot 10^3$ GW) um den Faktor 10 vom langfristigen Angebot (Fall 1: $11{,}3 \cdot 10^3$ GW). Da die Nachfragesteigerung im südlichen MMR wesentlich größer ist als im Norden, reduziert sich das Verhältnis Angebotspotential zu Stromerzeugung im Fall 1 von 403 (1990) auf 176 (2025). Im Fall 2 lautet der Faktor für 2025 1804. Im südlichen MMR ist also in allen Fällen davon auszugehen, daß bei weitem eine ausreichende Anzahl von Standorten für solarthermische Anlagen vorhanden ist.

Das Angebotspotential auf den Inseln beträgt kurz- bis mittelfristig 32 GW, langfristig 160 GW. In der ungünstigsten Variante ist der Faktor Angebotspotential/Basiswert 6,9 (langfristig, Fall 1).

4.4   Technisches Potential

Das technische Potential solarthermischer Anlagen resultiert aus der Verknüpfung von
Angebots- und Nachfragepotential, das sich aus dem Stromverbrauchsstrukturen der einzelnen Ländern ergibt. Ziel der Ermittlung des technischen Potentiales ist die Angabe der
installierbaren Leistung solarthermischer Anlagen und die daraus resultierenden solaren
Lastdeckungsanteile. Dabei wird die technische Weiterentwicklung bei den Anlagen und
insbesondere die im Zeitablauf zu erwartenden Veränderungen der Stromnachfrage berücksichtigt. Methodisch wird in der Weise vorgegangen, daß zunächst für die nationalen
Verbundnetze der einzelnen Länder sowie für die Mittelmeerinseln mit Hilfe der
Stromverbrauchsstrukturen und der installierten Kraftwerksleistungen die Bildung
repräsentativer Stromversorgungs-/-verbrauchsstrukturen unter Berücksichtigung der
zeitlichen Entwicklung vorgenommen wird. Für den Zeitraum um 2025 wird zusätzlich
ein internationaler Stromverbund aller Mittelmeerländer betrachtet. Das Potential für die
dezentralen Versorgungssysteme kann aufgrund der schlechten Datenlage nur grob abgeschätzt werden.

Voraussetzung für die Durchführung der Untersuchungen ist die Kenntnis folgender
Größen:

- Repräsentative Wetterdaten (Stundenmittelwerte).

- Referenzsysteme für die solare Elektrizitätserzeugung:
  Für 1990-2005 werden Parabolrinnenanlagen (SEGS VII A, 30 MW, 3 h Speicher,
  Hybridbetrieb) betrachtet. Die Erzeugung wird nur auf den solaren Anteil bezogen.

- Repräsentative Stromverbrauchsstrukturen / Jahresbelastungskurven (Stunden-mittel-
  werte)

Wesentliche Randbedingungen für die Berechnungen mit Simulationsprogrammen sind:

- Die installierbare Solarleistung wird auf der Basis der 100%igen Deckung der
  Netztiefstlast um 12 Uhr mittags ermittelt.

- Der als gleichmäßig verfügbar angenommene Lastanteil der Wasserkraftwerke wird
  als nicht substituierbar definiert.

- Die solare Elektrizitätserzeugung wird unter den jeweils besten Einstrahlungsbedingungen in einem Land berechnet.

Die Ergebnisse (Tab. 4.4.1 und 4.4.2) zeigen, daß das technische Stromerzeugungspotential für die nationalen Verbundnetze sowie die Mittelmeerinseln von

69,7 TWh/a im Jahr 1990 auf 134,4 TWh/a bis zum Jahr 2025 zunimmt. Dies entspricht einer installierbaren solaren Kraftwerksleistung von etwa 50.000 MW, wovon allerdings annähernd die Hälfte auf Italien und Spanien entfällt. Prozentual nehmen die Werte für einige Länder zwischen 1990 und 2005 bzw. 2005 und 2025 ab, was mit den angenommenen Veränderungen der Nachfragestruktur für die Länder des südlichen MMR zusammenhängt. Darüber hinaus spielt teilweise der erwartete starke Ausbau der Wasserkraftnutzung eine Rolle. Dies gilt insbesondere für die Türkei, wo zukünftig ein Wasserkraftanteil von mehr als 100 % (bezogen auf den inländischen Verbrauch) erwartet wird (Stromexport). Die Planungen für den Bau von Dampfkraftwerken lassen jedoch darauf schließen, daß dort auch weiterhin ein nicht unerheblicher Prozentsatz an der Stromerzeugung aus fossilen Quellen stammen wird. Der fossile Stromerzeugungsanteil wird für die Türkei daher mit 20 % angesetzt.

Das technische Potential in den nördlichen Ländern übersteigt das des Südens wegen der sehr viel höheren Stromnachfrage im Norden um den Faktor 1,6 - 2,8. Die prozentualen solaren Lastdeckungsanteile liegen für 2025 im südlichen MMR mit 20,1 % bis zum Jahr 2025 (16,5 % 1990) deutlich höher als im Norden. Für dem gesamten MMR betragen sie für 2025 9,0 %.

Begrenzender Faktor für das technische Potential ist in Albanien, Frankreich und dem ehemaligen Jugoslawien das Angebotspotential, das wegen der schlechten Einstrahlungsbedingungen zu einem technischen Potential von Null führt. Für die übrigen Länder wird das technische Potential durch das Nachfragepotential bestimmt. Die Einschränkungen gegenüber dem Angebotspotential sind länderweise sehr verschieden. So beträgt das technische Potential in Algerien nur rund 0,0066 % des Angebotspotentiales, in Italien könnten hingegen 12,6 % des Angebotspotentials prinzipiell genutzt werden.

Für den gesamten Mittelmeerraum läßt sich überschlägig das Nachfragepotential in einem internationalen Stromverbundsystem abschätzen. Entsprechend den getroffenen Annahmen können Ausgleichseffekte zwischen einzelnen Ländern - etwa durch Zeitverschiebungen - dabei nicht zum Tragen kommen. Allerdings ergibt sich aus den Nachfragestrukturen ein Ausgleich zwischen dem nördlichen und dem südlichen Mittelmeerraum. Hinzu kommt, daß durch die Einbeziehung der Stromnachfrage in den Ländern Frankreich, das ehemalige Jugoslawien und Albanien (die kein eigenes Angebotspotential besitzen) ein wesentlich höheres Nachfragepotential entsteht.

Beide Effekte führen zu einem Nachfragepotential von rund 110.000 MW bis 2005 bzw. 130.000 MW bis 2025, was das technische Potential solarthermischer Anlagen im Rahmen eines Stromverbundes gegenüber der Betrachtung einzelner Länder um den Faktor 2,5 erhöht.

Sehr viel mehr solare Kraftwerksleistung ließe sich darüber hinaus installieren, wenn man die Bedingung aufgibt, daß lediglich die Netztiefstlast um 12 Uhr mittags zu 100 % solar gedeckt werden soll. Insbesondere für den südlichen Mittelmeerraum entstünde dann jedoch ein erheblicher Speicherbedarf für die solare Erzeugung (thermischer Speicher).

Für die Netze der Mittelmeerinseln ergibt sich für das Jahr 2025 eine installierbare Leistung von 1.551 MW bzw. eine solare Stromerzeugung von 2.296 GWh/a.

Die Ermittlung des Nachfragepotentiales und damit des technischen Potentiales für dezentrale Stromversorgungssysteme (ohne Bewässerung) kann ausgehend von den Siedlungsstrukturen nur für Tunesien belastbar abgeschätzt werden. Da für die übrigen Länder entsprechende Daten nicht verfügbar sind, werden die tunesischen Verhältnisse an die Elektrizitätsversorgung des jeweiligen Landes angeglichen (2/3 der derzeit nicht mit Strom versorgten ländlichen Bevölkerung können mit Dish/Stirling-Systemen versorgt werden; hiervon leben 20 % in Kleinstädten, 80 % in Dörfern), um zumindest eine tendenzielle Abschätzung zu ermöglichen. Hieraus ergibt sich ein dezentrales technisches Potential von 648 MW ($64 \cdot 10^3$ Anlagen) installierbarer Solarkapazität, was einer Erzeugung von rund 1 TWh/a entspricht. Zwei Drittel entfallen auf den südlichen MMR, wovon allein in Ägypten, Marokko und Algerien 80 % oder rund 35.000 Dish/Stirling-Systeme installiert werden könnten (Abb. 4.4.1)

Tab. 4.4.1:   Technisches Potential solarthermischer Anlagen im MMR

Länder	1990 Stromerzeugung TWh/a	1990 Kraftwerkskapazität MW	2005 Stromerzeugung TWh/a	2005 Kraftwerkskapazität MW	2025 Stromerzeugung TWh/a	2025 Kraftwerkskapazität MW
Ägypten	5,36	2100	11,34	3400	12,96	4000
Albanien	0,00	0	0,00	0	0,00	0
Algerien	2,68	1050	8,00	2400	10,37	3200
Frankreich	0,00	0	0,00	0	0,00	0
Griechenland	3,92	2010	7,23	2800	8,21	3200
Israel	2,83	1350	5,36	2000	5,68	2200
Italien	23,96	12840	36,40	14100	36,96	14400
Jordanien	0,58	240	0,98	300	1,26	400
Jugoslawien	0,00	0	0,00	0	0,00	0
Libanon	0,69	330	1,88	700	2,07	800
Libyen	2,99	1170	8,00	2400	9,72	3000
Marokko	1,37	570	3,25	1000	3,79	1200
Portugal	1,30	720	2,99	1300	3,54	1600
Spanien	14,05	7530	25,55	9900	27,72	10800
Syrien	1,08	450	2,93	900	3,79	1200
Tunesien	0,44	210	1,34	500	1,55	600
Türkei	6,66	3570	3,87	1500	4,35	1700
Inseln	1,39	970	2,03	1370	2,30	1550
Nord MMR	51,28	27640	78,07	30970	83,08	33250
Süd MMR	18,02	7470	43,08	13600	51,19	16600
Gesamt	69,66	35110	121,12	44570	134,27	49850

Tab. 4.4.2:   Verhältnis technisches Potential / Basisdaten

Länder	1990		2005		2025	
	Strom-erzeugung %	Kraftwerks-kapazität %	Strom-erzeugung %	Kraftwerks-kapazität %	Strom-erzeugung %	Kraftwerks-kapazität %
Ägypten	15,3	20,8	19,3	20,1	19,0	20,4
Albanien	0,0	0,0	0,0	0,0	0,0	0,0
Algerien	20,1	27,4	23,6	24,6	23,2	24,9
Frankreich	0,0	0,0	0,0	0,0	0,0	0,0
Griechenland	12,8	23,5	16,8	23,4	17,3	24,2
Israel	15,3	32,6	19,1	31,7	17,9	30,9
Italien	10,8	22,8	15,2	23,1	15,1	23,1
Jordanien	18,7	24,3	20,4	24,5	22,9	28,5
Jugoslawien	0,0	0,0	0,0	0,0	0,0	0,0
Libanon	15,0	40,3	17,4	36,4	15,0	32,6
Libyen	20,9	58,5	24,1	51,7	22,9	50,5
Marokko	15,6	30,6	20,3	29,5	19,8	29,7
Portugal	5,7	11,6	8,5	13,6	8,9	14,8
Spanien	10,7	20,9	15,4	21,7	15,6	22,2
Syrien	15,4	15,4	19,0	14,0	19,4	14,8
Tunesien	9,8	14,9	16,5	19,6	16,3	20,1
Türkei	14,8	28,6	3,8	5,3	3,8	5,4
Inseln	11,6	33,3	12,0	33,4	12,0	33,5
NordMMR	5,7	11,5	6,7	9,6	6,7	9,6
SüdMMR	16,5	26,6	20,6	25,6	20,1	25,7
Gesamt	6,8	13,1	8,9	11,9	9,0	12,2

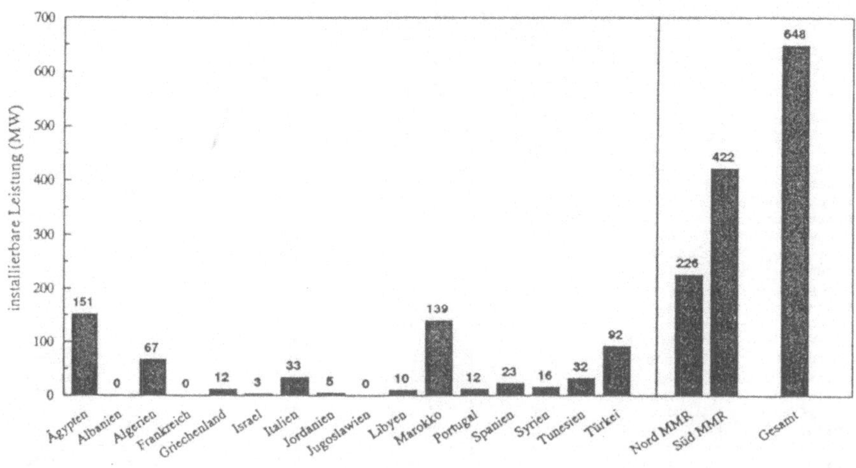

Abb. 4.4.1:   Technisches Potential solarthermischer Anlagen in dezentralen Versorgungssystemen

4.5 Wirtschaftliches Potential

Die Ermittlung des wirtschaftlichen Potentiales ergibt sich aus der Verknüpfung des technischen Potentiales und den Stromgestehungskosten solarthermischer Anlagen einerseits, sowie dem Ersatzbedarf bei den konventionellen Kraftwerken (ohne Wasserkraftanlagen) bzw. dem erforderlichen Kraftwerkszubau andererseits.

Zunächst werden die Stromgestehungskosten der repräsentativen solarthermischen Anlagen mit denen für die konventionellen Vergleichskraftwerke bei einer Auslastung von 3.600 h/a (was bei den solarthermischen Anlagen ggf. erst durch fossile Zusatzfeuerung oder durch einen thermischen Speicher erreicht wird) in Abhängigkeit vom Brennstoffpreis verglichen. Dabei wird vereinfachend angenommen, daß die Kenntnis der Stromgestehungskosten für eine Beurteilung der Konkurrenzfähigkeit solarthermischer Anlagen gegenüber konventionellen Kraftwerken allein ausreicht. Dies impliziert, daß der Wert der erzeugten Energie, der in erster Linie von der Nachfragestruktur beim Strom abhängt - und sich in entsprechenden Erlösen ausdrückt - in beiden Fällen gleich ist.

Aus Tabelle 4.5.1 geht hervor, daß Parabolrinnenanlagen und Turmkraftwerke aus heutiger Sicht nur unter sehr günstigen Randbedingungen, insbesondere exzellenten Einstrahlungsbedingungen und nur im Hybridbetrieb wirtschaftlich betrieben werden können.

Bis zum Jahr 2005 sind bei hybrider Fahrweise sowohl Rinnenanlagen als auch Turmkraftwerke (unter der Annahme, daß bis dahin mehrere Anlagen gebaut sind) selbst bei weniger günstigen Einstrahlungsbedingungen konkurrenzfähig (vgl. 100 MW Parabolrinnenanlage, 30 MW Turmkraftwerk).

Bei rein solarem Betrieb ist bis 2005 unter den gemachten Annahmen die 100 MW Turmanlage bei schlechterem Wetter etwas günstiger als die Rinnenanlage. Bei den 30 MW Anlagen ist nur unter optimalen Einstrahlungsbedingungen und unter der Annahme eines starken Preisanstiegs bei fossilen Brennstoffen (9,8 % p.a.) ein rein solarer Betrieb wirtschaftlich möglich.

Langfristig ist davon auszugehen, daß beide Anlagentechnologien auch im rein solaren Betrieb wirtschaftlich konkurrenzfähig zu konventionellen Anlagen betrieben werden können. Für die großen Turmkraftwerke (200 MW Utility) liegen die langfristigen Schätzungen etwas günstiger als für die Rinnenanlagen, die Unterschiede liegen aber innerhalb der Rechengenauigkeit. Auch bei relativ ungünstigen Einstrahlungsbedingungen (DS-1800) sind für einen wirtschaftlichen Betrieb der solarthermischen Anlagen nur moderate Wachstumsraten für fossile Brennstoffe erforderlich (1,5 % p.a. bzw. 2,0 % p.a.).

Der wirtschaftliche Einsatz von Dish-Stirling-Systemen in dezentralen Energieversorgungssystemen ist bis zum Jahr 2005/2025 grundsätzlich möglich. Dies gilt insbesondere für die kleinen Anlagen (repräsentativ 10 kW) zur Dorfstromversorgung. Die großen Anlagen (1 MW/30 MW) zur Versorgung größerer Städte oder Inseln sind nur bei sehr guten Einstrahlungsbedingungen oder bei extrem hohen Brennstoffkosten (630 DM/Mg bei DS-2500) rentabel. Anders als bei den zentralen Versorgungssystemen können derart hohe Brennstoffpreise in abgelegenen Regionen oder auf Inseln (hohe Transportkosten) jedoch ohne weiteres vorkommen. Berücksichtigt man lediglich das Potential der kleinen Dish-Stirling-Systeme, so ergibt sich das wirtschaftliche Potential für 2005/2025 zu 550 MW, was 85 % des technischen Potentials entspricht.

Die oben gemachten Aussagen lassen die Schlußfolgerungen zu, daß im Rahmen einer Zubaustrategie in allen Ländern zunehmend Nischen vorhanden sind, um bis zum Jahr 2005 erste Anlagen wirtschaftlich betreiben zu können. Für den Zeitraum 2005 bis 2025 gilt diese Aussage umso mehr. Es wird deshalb für das wirtschaftliche Potential angenommen, daß es identisch mit dem technischen Potential ist, obwohl dies unter streng betriebswirtschaftlichen Gesichtspunkten bis zum Jahr 2005 sicher nur sehr eingeschränkt gilt.

Das Zubau- und Ersatzpotential bei den Kraftwerken ist neben den Stromgestehungskosten das zweite Kriterium für die Bewertung des wirtschaftlichen Potentials in zentralen Versorgungssystemen, wenn davon ausgegangen wird, daß ein vorzeitiges Stillegen bestehender Kraftwerke eine Verschwendung volkswirtschaftlicher Ressourcen darstellt, die vermieden werden soll. D. h., daß das technische bzw. das wirtschaftliche Potential, das sich ausschließlich an der Konkurrenzfähigkeit solarthermischer Kraftwerke im Vergleich zu fossilen Anlagen orientiert gegebenenfalls durch einen zu geringen Kraftwerksersatz bzw.- zubaubedarf verringert werden kann.

Das Ersatz- und Zubaupotential im gesamten MMR (incl. Frankreich, Albanien und dem ehemaligen Jugoslawien, die kein eigenes technisches Potential aufweisen) übersteigt mit 188.000 MW für 2005 und 305.000 MW für 2025 das technische Potential um den Faktor 4,2 bzw. 6,1. Dabei liegen die Werte mit 4,9 und 7,7 im nördlichen Mittelmeerraum wegen des hohen Ersatzbedarfes in Frankreich, Italien, das ehemalige Jugoslawien und Spanien sehr viel höher als im Süden, wo die Faktoren lediglich 2,6 für 2005 bzw. 2,8 für 2025 betragen und im wesentlichen durch den Kraftwerkszubau zustandekommen.

Tab. 4.5.1: Stromgestehungskosten solarthermischer Anlagen im Vergleich zu konventionellen Anlagen

a) Parabolrinnenanlagen[1]

		30 MWe[2]			100 MWe[3]		
Einstrahlung		DS-1800	DS-2100	DS-2500	DS-1800	DS-2100	DS-2500
Stromgestehungskosten	1990	40,5	38,1	33,9	56,2	47,9	38,9
(Dpf/kWh)	2005	43,3	37,1	30,4	23,9	22,6	20,8
	2025	-	-	-	29,1	25,2	20,7
Wirtschaftlichkeit bei:		HEL			KOHLE		
Brennstoffkosten konv.	2005	-	-	630/9,8%	210/5,1%	190/4,4%	160/3,2%
Vergleichskraftwerk (DM/Mg)/							
Steigerungsrate (% p.a.)	2025	-	-	-	300/3,2%	230/2,4%	160/1,4%

1) Konventionelles Vergleichskraftwerk
   30 MW Gasturbinen-Kraftwerk (HEL)
   bzw. 100 MW Dampfturbinenkraftwerk (Kohle)
   Ausnutzungsdauer 3.600 h/a

2) 1990: 30 MWe SEGS VII A/LS3 hybrid
   2005: 30 MWe SEGS VII B/LS4 solar

3) 1990: 100 MWe SEGS VIII A/LS3 solar
   2005: 100 MWe SEGS XIII A/LS4 hybrid
   2025: 100 MWe SEGS XIII B/LS4 solar

b) Solarturmkraftwerke[1]

		30 MWe[2]			100/200 MWe[3]		
Einstrahlung		DS-1800	DS-2100	DS-2500	DS-1800	DS-2100	DS-2500
Stromgestehungskosten	1990	39,6	36,8	32,8	-	-	-
(Dpf/kWh)	2005	31,0	29,0	25,9	32,5	27,9	22,5
	2025	-	-	-	26,2	22,4	17,9
Wirtschaftlichkeit bei:		HEL			KOHLE		
Brennstoffkosten konv.	2005	650/10%	620/9,7%	550/8,8%	-	-	190/4,4%
Vergleichskraftwerk (DM/Mg)/							
Steigerungsrate (% p.a.)	2025	-	-	-	250/2,7%	190/1,9%	100/0%

1) Konventionelles Vergleichskraftwerk
   30 MW Gasturbinen-Kraftwerk (HEL)
   bzw. 100 MW Dampfturbinenkraftwerk (Kohle)
   Ausnutzungsdauer 3.600 h/a

2) 1990: 30 MWe PHOEBUS/5. Anlage hybrid
   2005: 30 MWe PHOEBUS/n-te Anlage hybrid

3) 2005: 100 MWe PHOEBUS/1. Anlage solar
   2025: 200 MWe Utility/n-te Anlage solar

c) Dish-Stirling Anlagen (Inselnetze)[1]

		10 kWe			1 MWe			30 MWe		
Einstrahlung		DS-1800	DS-2100	DS-2500	DS-1800	DS-2100	DS-2500	DS-1800	DS-2100	DS-2500
Stromgestehungskosten	1990	413	341	276	168	138	112	-	-	-
(Dpf/kWh)	2005/ 2025	79	66	54	61	51	41	45	37	30
Wirtschaftlichkeit bei:		DIESEL			KOHLE			HEL		
Brennstoffkosten konv.										
Vergleichskraftwerk/	2005/ 2025	120/6%/2,5%[2]	85/3,6%/1,5%	75/2,7%/1,2%	-	-	630/9,8%/4,1%[3]	-	-	630/9,8%/4,1%
Steigerungsrate 2005/2025										
(% p.a.)										

1) Konventionelles Vergleichskraftwerk
   -50 kW Dieselgenerator
   -1 MW Dieselgenerator (HEL)
   -30 MW Gasturbine-Kraftwerk (HEL)
   Ausnutzungsdauer 3600 h/a

2) Dpf/l   3) DM/Mg

Das technische Potential wird in keinem Land durch den möglichen Kraftwerksersatz bzw. -zubau verringert (Tabelle 4.5.2 und 4.5.3). Allerdings sind die Potentiale in einigen Ländern nur wenig unterschiedlich (z.B. Türkei Faktor 1,3; Libyen Faktor 1,5; Italien 1,9), so daß bei Aufgabe einiger Bedingungen, wie sie für die Ermittlung des technischen Potentials aufgestellt werden - insbesondere die Bedingung "100 % solare Lastdeckung nur bis maximal zur Netztiefstlast um 12 Uhr" - das wirtschaftliche Potential viel stärker vom Kraftwerksersatz /- zubau abhängen würde.

Tab. 4.5.2:   Wirtschaftliches Potential solarthermischer Anlagen im MMR

Länder	2005		2025	
	Strom-erzeugung TWh/a	Kraftwerks-kapazität MW	Strom-erzeugung TWh/a	Kraftwerks-kapazität MW
Ägypten	11,34	3400	12,96	4000
Albanien	0,00	0	0,00	0
Algerien	8,00	2400	10,37	3200
Frankreich	0,00	0	0,00	0
Griechenland	7,23	2800	8,21	3200
Israel	5,36	2000	5,68	2200
Italien	36,40	14100	36,96	14400
Jordanien	0,98	300	1,26	400
Jugoslawien	0,00	0	0,00	0
Libanon	1,88	700	2,07	800
Libyen	8,00	2400	9,72	3000
Marokko	3,25	1000	3,79	1200
Portugal	2,99	1300	3,54	1600
Spanien	25,55	9900	27,72	10800
Syrien	2,93	900	3,79	1200
Tunesien	1,34	500	1,55	600
Türkei	3,87	1500	4,35	1700
Inseln	2,03	1370	2,3	1550
Nord MMR	78,07	30970	83,08	33250
Süd MMR	43,08	13600	51,19	16600
Gesamt	121,12	44570	134,27	49850

Tab. 4.5.3:   Verhältnis wirtschaftliches Potential / Basisdaten

Länder	2005		2025	
	Strom-erzeugung %	Kraftwerks-kapazität %	Strom-erzeugung %	Kraftwerks-kapazität %
Ägypten	19,3	20,1	19,0	20,4
Albanien	0,0	0,0	0,0	0,0
Algerien	23,6	24,6	23,2	24,9
Frankreich	0,0	0,0	0,0	0,0
Griechenland	16,8	23,4	17,3	24,2
Israel	19,1	31,7	17,9	30,9
Italien	15,2	23,1	15,1	23,1
Jordanien	20,4	24,5	22,9	28,5
Jugoslawien	0,0	0,0	0,0	0,0
Libanon	17,4	36,4	15,0	32,6
Libyen	24,1	51,7	22,9	50,5
Marokko	20,3	29,5	19,8	29,7
Portugal	8,5	13,6	8,9	14,8
Spanien	15,4	21,7	15,6	22,2
Syrien	19,0	14,0	19,4	14,8
Tunesien	16,5	19,6	16,3	20,1
Türkei	3,8	5,3	3,8	5,4
Inseln	12,0	33,4	12,0	33,5
NordMMR	6,7	9,6	6,7	9,6
SüdMMR	20,6	25,6	20,1	25,7
Gesamt	8,9	11,9	9,0	12,2

4.6   Zusammenfassung der Potentialabschätzung

In Tab. 4.6.1a-c sind die Ergebnisse der Potentialabschätzung für die zentralen Systeme des gesamten MMR, sowie für den nördlichen und südlichen Teil zusammengefaßt. Zur Bewertung der berechneten Potentiale werden in den Tabellen jeweils 3 Bezugswerte ausgewiesen.

Tab. 4.6.1a zeigt für den gesamten MMR, daß das **theoretische Potential** (164.000 GW) und das **langfristige Angebotspotential** (117.000 GW) bei Zugrundelegung eines internationalen Verbundnetzes die installierte Leistung bei weitem übersteigt (Faktor 300 - 700 je nach Bezugsgröße). Mit dem länderspezifischen Angebotspotential (12.000 GW unter Berücksichtigung eines Abstandes der Anlagen von maximal 50 km zur bestehenden Infrastruktur) beträgt der Faktor zwischen 30 und 60. Mit dieser Leistung könnte rund das Vierfache des derzeitigen weltweiten Strombedarfs erzeugt werden. Ca. 90 % des theoretischen Potentials, 80 % des kurz- bis mittelfristigen und 90 % des langfristigen Angebotspotentials entfallen auf die Länder Ägypten, Algerien, Libyen und Marokko.

Eine konservative Abschätzung der maximal möglichen Lastdeckung durch solare Kraftwerke erfolgt, wenn die geringste Stromnachfrage zur Zeit höchsten Solarenergieangebots (12 Uhr Ortszeit) nicht überschritten werden soll, d. h. solare Energie nicht in größerem Umfang gespeichert wird. Mit dieser Annahme beträgt das technische Potential für den gesamten MMR im Jahr 1990: 35 GW, in 2005: 45 GW und in 2025: 50 GW (Zeile 6 in Tab. 4.6.1). Betrachtet man das jeweilige Verbundnetz, so steigt der Wert für 2025 auf 130 GW (gesamter MMR) bzw. 68,5 GW (nur Verbundnetz im nördl. MMR) und 17 GW (Verbundnetz im südl. MMR). Ersichtlich ist, daß bei den unterstellten Nachfrageprofilen im südl. MMR das Verbundnetz keine Verbesserung gegenüber der länderspezifischen Betrachtung erbringt.

Die technisch installierbare Kapazität solarer Kraftwerke läßt sich weiter steigern, wenn solarthermische Kraftwerke mit großen thermischen Speichern (mehr als 6 Stunden Speicherkapazität) versehen werden. Dies ist jedoch erst im Zuge einer weiteren Entwicklung solarer Kraftwerke wirtschaftlich vertretbar. Die in der Untersuchung betrachteten solarthermischen Kraftwerke verfügen bis zum Jahr 2005 über maximal 3h-Speicher, bis zum Jahr 2025 werden maximal 6h- Speicher angenommen. Eine näherungsweise Abschätzung zeigt, daß eine Erhöhung der mittleren Speicherkapazität auf 9 h zu technischen Potentialen von 160 GW (gesamter MMR, 2025), bzw. 120 GW (nördl. MMR) und 30 GW (südl. MMR) führen würde.

Tab. 4.6.1a: Potentialzusammenfassung zentraler Systeme (gesamter MMR)

GW	Länderspezifische Betrachtung			Verbundnetz MMR
	1990	2005	2025	2025
Installierte Leistung: (1) Gesamt: (2) Nur solar geeignete Länder: (3) Höchstlast von Zeile	269 151 (2) 97	376 213 (2) 145	410 236 (2) 169	410 236 (1)275
(4) Theoret. Potential	164000	164000	164000	164000
(5) Angebotspotential	12100	12100	12100	117000
(6) Technisches Potential	35,1	44,6	49,9	130
(7) Wirtsch. Potential	+	44,6	49,9	130
(8) Anschubpotential	0	3,5	23,2	60,8

Tab. 4.6.1b: Potentialzusammenfassung zentraler Systeme (MMR-Nord, einschließlich Inseln)

GW	Länderspezifische Betrachtung			Verbundnetz MMR-Nord
	1990	2005	2025	2025
Installierte Leistung: (1) Gesamt: (2) Nur solar geeignete Länder: (3) Höchstlast von Zeile	241 123 (2) 79	323 161 (2) 111	345 171 (2) 128	345 171 (1) 233
(4) Theoret. Potential	5931	5931	5931	5931
(5) Angebotspotential	832	832	832	1465
(6) Technisches Potential	27,6	31,0	33,3	68,5
(7) Wirtsch. Potential	+	31,0	33,3	68,5
(8) Anschubpotential	0	1,6	13,4	25,3

Tab. 4.6.1c: Potentialzusammenfassung zentraler Systeme (MMR-Süd)

GW	Länderspezifische Betrachtung			Verbundnetz MMR-Süd
	1990	2005	2025	2025
Installierte Leistung: (1) Gesamt: (2) Nur solar geeignete Länder: (3) Höchstlast von (2)	28 28 18	53 53 34	65 65 41	65 65 41
(4) Theoret. Potential	157756	157756	157756	157756
(5) Angebotspotential	11327	11327	11327	116350
(6) Technisches Potential	7,5	13,6	16,6	16,6
(7) Wirtsch. Potential	+	13,6	16,6	16,6
(8) Anschubpotential	0	1,9	9,8	9,8

+ = Potential kann nicht quantifiziert werden, unter bestimmten
    Voraussetzungen ist jedoch ein wirtschaftlicher Betrieb der
    Anlage möglich

Das technische Potential schränkt also kurz- bis mittelfristig die unter realistischen Annahmen vorstellbaren Zubaumöglichkeiten solarthermischer Kraftwerke nicht ein. Zu einem späteren Zeitpunkt kann das technisch installierbare Potential gegebenenfalls erweitert werden und langfristig bedeutende Anteile der gesamten installierten Kraftwerkskapazität erreichen.

Das wirtschaftliche Potential ist praktisch identisch mit dem technischen Potential, da die mit fossiler Zufeuerung betriebenen Hybridkraftwerke bei moderater, trendorientierter Preissteigerung fossiler Energieträger, zum Zeitpunkt 2005 und alle ausschließlich solaren Kraftwerkskonfigurationen bis 2025 wirtschaftlich sein werden. Das technische Potential könnte daher zu 100 % wirtschaftlich genutzt werden. Auch der potentielle Markt für Kraftwerke bis 2005 übersteigt mit 305 GW das technische Potential. Damit stellt nicht der Zubau bzw. Ersatz von Kraftwerken den beschränkenden Faktor dar, sondern das technische Potential.

5 Markteinführung solarthermischer Kraftwerke im Mittelmeerraum

5.1 Ausschöpfungspotentiale

In den nächsten Jahrzehnten werden in den solargeeigneten Ländern des Mittelmeeraums jährlich rund 5000 bis 6000 MW Leistung für den Zubau und Ersatz fossiler Kraftwerke erstellt werden müssen; bis zum Jahr 2005 also rund 90 MW und bis zum Jahr 2025 insgesamt 190 GW. Welchen Anteil davon solarthermische Kraftwerke erlangen werden, hängt von den energiepolitischen Rahmenbedingungen und Strategien ab, welche die Regierungen der Europäischen Gemeinschaft und der gesamten Mittelmeerregion gestalten, und davon, wie sich Energieversorgungsunternehmen und Industrie dieses Marktes annehmen werden. Diese Entwicklungen sind selbstverständlich nicht prognostizierbar. Deshalb werden unterschiedliche Szenarien der Ausschöpfung des Marktpotentials zur Veranschaulichung des erforderlichen Handlungsbedarfs entworfen, wobei generell von einem wachsenden Engagement zur Einführung von Solartechnologien ausgegangen wird. (Tab. 5.1.1)

Tab. 5.1.1:   Gesamte installierte solare Leistung (GW$_e$); [1]

Szenario	1990 - 2005		2005 - 2025		1990 - 2025	
Anschubpotential						
- Nördlicher MMR	1,5	(3)	11,9	(18)	13,4	(11)
- Südlicher MMR	2,0	(6)	7,8	(24)	9,8	(15)
- Gesamt	3,5	(4)	19,7	(20)	23,2	(12)
- Mittlerer jährlicher Zubau (MW/a)	230		1000		-	
Beschleunigte Einführung						
- Nördlicher MMR	3,5	(6)	20,3	(30)	23,8	(20)
- Südlicher MMR	4,0	(12)	14,7	(45)	18,7	(25)
- Gesamt	7,5	(8)	35,0	(35)	42,5	(22)
- Mittlerer jährlicher Zubau (MW/a)	500		1750		-	
CO$_2$-Reduktion						
- Nördlicher MMR	8,4	(15)	33,6	(50)	42,0	(33)
- Südlicher MMR	5,0	(15)	16,4	(50)	21,4	(33)
- Gesamt	13,4	(15)	50,0	(50)	63,4	(33)
- Mittlerer jährlicher Zubau (MW/a)	900		2500		-	

1) Zahlen in Klammern = Prozent des gesamten Marktvolumens an konventionellen Kraftwerken
   Gesamtes Marktvolumen: 1990 - 2005 = 6000 MW/a
   2005 - 2025 = 5000 MW/a

Die unterste Variante (Szenario "Anschubpotential" wird in detaillierter Form länderspezifisch ermittelt. In dieser Variante kommt zum Ausdruck, daß eine verstärkte Förderung von "Erstanlagen" für Demonstrationszwecke und weitere, längerfristig angelegte Forschungs- und Entwicklungskonzepte besonders engagierter Länder bereits bis zum Jahr 2005 zu Marktanteilen solarer Kraftwerke von 3 bis 6 % am oben genannten Kraftwerkszubau und -ersatz führen könnten. Auch wird unterstellt, daß bilaterale Vereinbarungen in den nächsten Jahren (etwa im Rahmen der Entwicklungs- oder Technologiepolitik) den Bau der Solaranlagen im südlichen Mittelmeerraum ermöglichen. Nach 2005 wird mit wachsender Marktdynamik und steigenden fossilen Energiepreisen in diesem Szenario ein Marktanteil von rund 20 % erwartet. Im Jahr 2025 könnten so solarthermische Kraftwerke mit einer Leistung von rund 23.000 MW im Mittelmeerraum installiert sein. Dies sind knapp 10 % der dann benötigten Gesamtleistung des Mittelmeerraumes (einschließlich Wasserkraft).

Gelingt es, im Rahmen einer gemeinsamen EG-Energiepolitik der Sonnenenergie einen hohen Stellenwert zu vermitteln und beispielsweise mit den Mahgreb-Staaten zu einer Vereinbarung über die vorrangige Entwicklung und Einführung von Solartechnologien im Mittelmeerraum zu gelangen, so sind höhere Marktanteile für solarthermische Kraftwerke vorstellbar. Sie werden mit rund 8 % bis zum Jahr 2005 angenommen und sind im Szenario "Beschleunigte Entwicklung" niedergelegt. Ergebnis dieses Szenarios sind

43.000 MW Solarkraftwerke im Jahr 2025, was dem technischen Potential der Stufe 1 (s. auch Tab. 4.6.1.) nahekommt.

Die Empfehlungen zur Reduktion der globalen CO_2-Emissionen (z. B. Toronto-Konferenz: 20 % bis zum Jahr 2005, 50 % bis zum Jahr 2050) verlangen an sich noch weitergehende Anstrengungen. Für einen stark wachsenden Wirtschaftsraum wie den Mittelmeerraum bedeutet dies den Versuch, bis 2005 die CO_2-Emissionen höchstens nur schwach anwachsen zu lassen und längerfristig trotz Stromverbrauchswachstum eine deutliche Reduktion zu erreichen. Dies ist u. a. durch einen verstärkten Zubau solarthermischer Kraftwerke, vor allem in der Zeit nach 2005, erreichbar. Eine derartige, aus den Forderungen nach einer globalen Klimapolitik abgeleitete Zubaustrategie ist im Szenario "CO_2-Reduktion" dargestellt. Sie geht von Marktanteilen für solarthermische Kraftwerke um 15 % bis zum Jahr 2005 und von 50 % nach 2005 aus und führt zu einer solaren Kraftwerksleistung von rund 65.000 MW im Jahr 2025. Aus technischer Sicht verlangt diese Leistung einen größeren Verbund der Stromversorgung über mehrere Länder oder die Integration größerer Speicher in die Kraftwerke.

Die länderspezifische Ausschöpfung des Kraftwerksmarktes im Szenario "Anschubpotential" zeigt Abb. 5.1.1. Herausragende Länder im Norden sind Italien und Spanien wegen des hohen Ersatzbedarfes an fossilen Kraftwerken. So muß beispielsweise Italien bis zum Jahr 2005 Öl- und Gaskraftwerke mit einer Leistung von rund 20.000 MW neu bauen (bis 2025 voraussichtlich rund 50.000 MW). Davon kann ein beträchtlicher Anteil durch solarthermische Kraftwerke ersetzt werden. Im Süden bestimmt das hohe Stromverbrauchswachstum infolge des Bevölkerungswachstums und der industriellen Entwicklung den potentiellen Markt für solarthermische Kraftwerke. So benötigen Ägypten und Algerien bis zum Jahr 2005 eine zusätzliche Kraftwerksleistung von je rund 5500 MW.

Ersichtlich wird, daß ein beträchtlicher energiepolitischer Handlungsbedarf besteht, wenn selbst die Werte des Szenarios "Anschubpotential" rechtzeitig erschlossen werden sollen.

Die solarthermischen Kraftwerksleistungen der drei Ausschöpfungsszenarien sind in Abb. 5.1.2. der gesamten installierten Kraftwerkskapazität gegenübergestellt. Erst nach dem Jahr 2005 übersteigt demnach der mögliche Zubau solarer Kraftwerke den erwartenden Zuwachs an Kraftwerken. Der absolute Zuwachs solarer Leistung ist aufgrund des hohen Bedarfs im nördlichen Mittelmeer stärker, die Anteile an der Gesamtkapazität sind jedoch im südlichen Mittelmeerraum deutlich höher und können im Jahr 2025 Werte zwischen 15 % und 33 % erreichen (Abb. 5.1.3.).

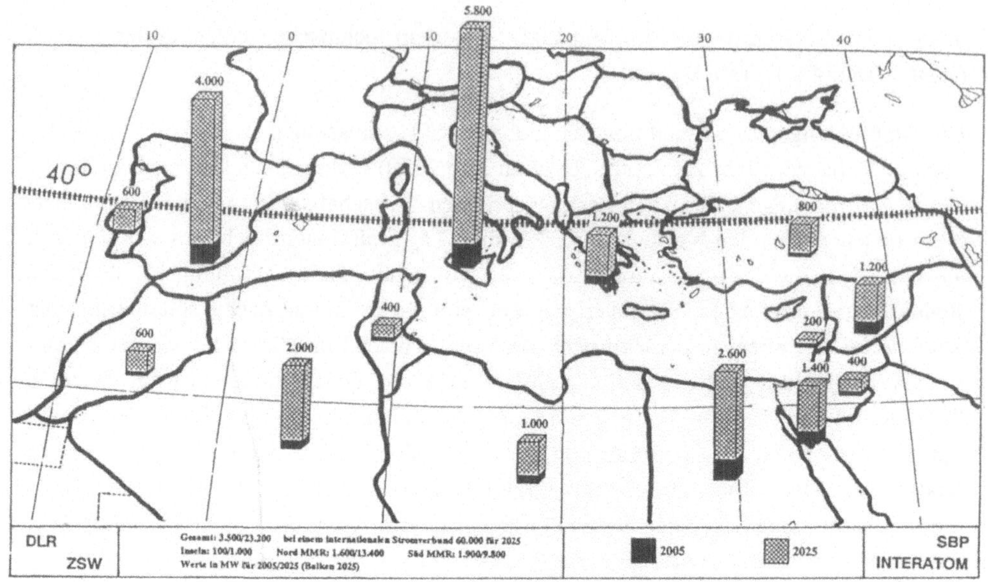

Abb. 5.1.1:   Länderspezifische solare Kraftwerkskapazität im Szenario "Anschubpotential"

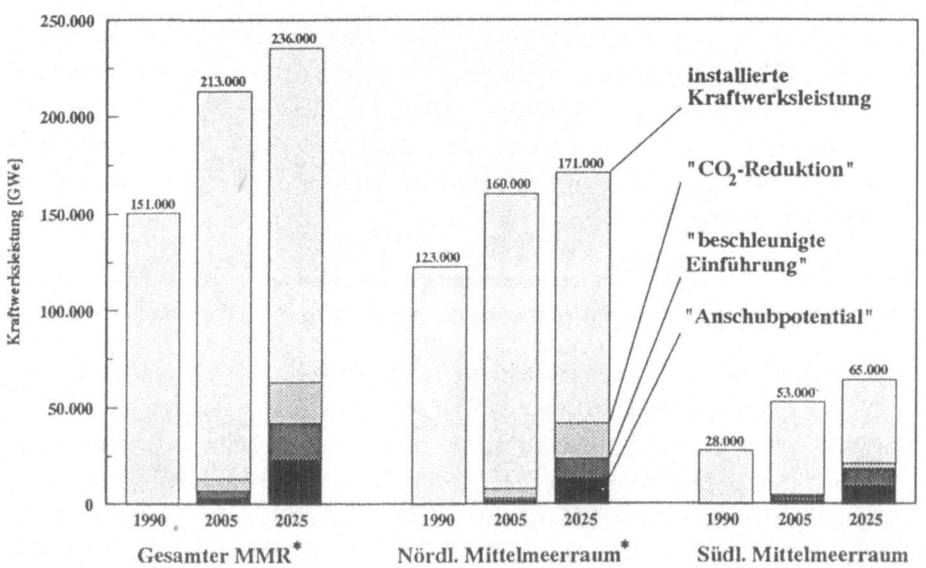

Abb. 5.1.2:   Potential solarthermischer Anlagen im MMR

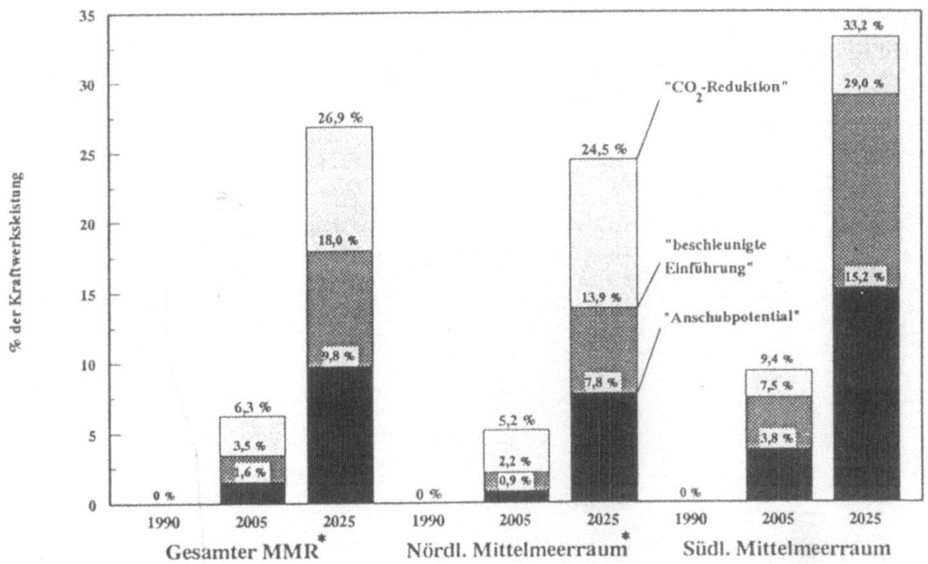

Abb. 5.1.3:   Potential solarthermischer Anlagen als Anteil an der jeweiligen Kraftwerkskapazität

5.2 Beitrag solarthermischer Stromerzeugung zur Verminderung der CO$_2$-Emissionen im MMR

Die derzeitigen länderspezifisch ermittelten CO$_2$-Emissionen der Stromerzeugung im Mittelmerraum (nur für solarthermische Stromerzeugung geeignete Länder) betragen insgesamt rund 380 Millionen Tonnen CO$_2$/Jahr (zum Vergleich: dies sind rund 40 % der CO$_2$-Emissionen aller Energieverbrauchssektoren von West- und Ostdeutschland); die Stromproduktion aus den fossilen Energieträgern Kohle, Öl und Erdgas beläuft sich derzeit (1990) auf 414 TWh/a, was etwa der gesamten Stromerzeugung Westdeutschlands entspricht.

Bis zum Jahr 2005 wird der Stromverbrauch aus fossilen Kraftwerken entsprechend den Wachstumsannahmen um 30 % (bis 2025 um 56 %) zunehmen, was bei heutiger Kraftwerkstechnologie zu einer entsprechenden Erhöhung der CO$_2$- Emissionen führen würde ("Status quo" in Abb. 5.2.1.). Kraftwerke mit höheren Wirkungsgraden (im Jahr 2005 dem heutigen Niveau deutscher Kraftwerke entsprechend, im Jahr 2025 um weitere 5 %-

101

Punkte verbessert) könnten das CO_2-Emissionsniveau bei 120 % des heutigen Wertes stabilisieren.

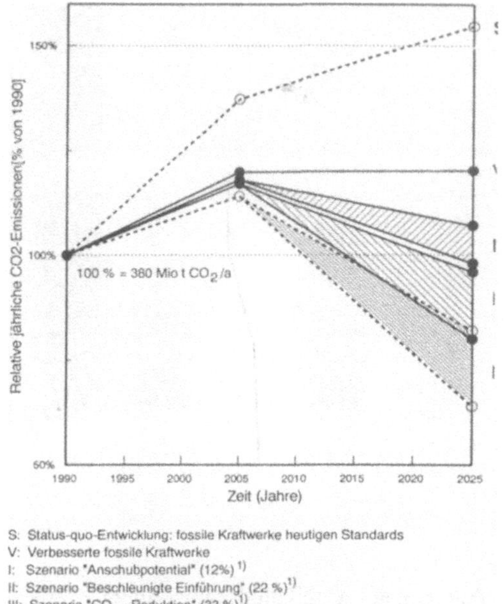

Abb. 5.2.1:   Zubaustrategien solarthermischer Kraftwerke im MMR

Solarthermische Kraftwerke verfügen über eine mittlere CO_2-Reduktionskapazität von rund 2000 t CO_2/Jahr je MW installierter Kraftwerksleistung; jede solar erzeugte GWh spart je nach der zu vergleichenden fossilen Kraftwerksstruktur 700 - 920 t CO_2. Bezogen auf die benötigte Landfläche für diese Kraftwerke entspricht dies rund 50.000 t CO_2/Jahr und km².

Spezifische CO_2-Vermeidungskosten künftiger Solarkraftwerke liegen, bezogen auf das Kostenniveau heutiger fossiler Kraftwerke, je nach Kraftwerkskonfiguration und Auslastung zwischen 25 und 74 DM/t CO_2. Dies entspricht Mehrkosten von rund 0,015 - 0,045 DM/kWh gegenüber konventionellen Kraftwerken. Spätere, betriebswirtschaftlich konkurrenzfähige solarthermische Kraftwerke, haben selbstverständlich keine Mehrkosten der CO_2- Vermeidung.

102

Die Zubauszenarien für solarthermische Kraftwerke führen nach 2005 zu einer Entlastung der CO_2-Bilanz, wenn jetzt mit ihrer Markteinführung entsprechend den vorgestellten Szenarien begonnen wird. Die Entlastung fällt geringer aus, wenn solarthermische Kraftwerke mit fossiler Zufeuerung (25 - 40 % an der Jahresenergieproduktion) eingesetzt werden, was bis zum Jahr 2005 die Regel sein dürfte. In der nächsten Zeitperiode könnten sie jedoch im wesentlichen rein solar betrieben werden, was zu einer entsprechend höheren CO_2-Entlastung führt (jeweils untere Linien in Abb. 5.2.1).

Im Szenario "Anschubpotential" kann das heutige CO_2-Emissionsniveau im Jahr 2025 wieder erreicht werden; erst das Szenario "Beschleunigte Einführung" mit rein solaren Kraftwerken nach 2005 bzw. das Szenario "CO_2-Reduktion" führt zu den empfohlenen deutlichen CO_2-Reduktionen von 20 - 25 % im Jahr 2025 bzw. bei entsprechend langfristiger Fortführung der Strategie zu 50 % im Jahr 2050.

6   Schlußfolgerungen und Empfehlungen an die Energiepolitik

Energie ist eine wichtige Grundlage für die Entwicklung und den Wohlstand der Nationen. Mit einer wachsenden Weltbevölkerung und einem zunehmenden Güterumsatz
nimmt der Energiebedarf weltweit zu. Die Fortführung der bestehenden Weltenergiewirtschaft, die zu 80 % auf fossilen Rohstoffen basiert, ist angesichts der bereits spürbaren,
gravierenden Konsequenzen für Klima und Umwelt und nicht zuletzt aufgrund der Res-
sourcenlage langfristig nicht vertretbar. Eine Umstrukturierung tut daher Not:

- weg von einem wenig sparsamen, teilweise verschwenderischem Umgang mit Energie
  - hin zu rationeller Energieverwendung

- weg von erschöpflichen und gefährdenden Energieträgern - hin zu erneuerbaren, ökologisch verantwortbaren und risikoarmen Energiesystemen

Ein solcher Wandel kann nicht von heute auf morgen vollzogen werden; es ist ein Pro-
zeß, der Zeit benötigt. Will man innerhalb von 20 Jahren nennenswerte Resultate erreicht
haben, müssen also heute die Weichen dafür gestellt werden.

Welche Energieträger in welchem Umfang in einem Land genutzt werden sollen, hängt
vor allem von den vorhandenen Energieressourcen, dem Entwicklungsstand einer Technologie sowie den technischen, wirtschaftlichen, politischen und gesellschaftlichen
Voraussetzungen und Möglichkeiten ab, diese Technologien in den jeweiligen Energiemarkt einzuführen.

Die vorliegende Analyse zeigt am Beispiel des Mittelmeerraumes, daß die solarthermische Stromerzeugung in den einstrahlungsreichen Regionen der Erde (zwischen
40° nördlicher und 40° südlicher Breite) eine der vielversprechendsten, realistischen
Optionen darstellt, kurz- bis mittelfristig bei vertretbarem Aufwand einen bedeutenden
Beitrag zu einer ressourcenschonenden und umweltverträglichen Energieversorgung zu
leisten. Durch folgende zentrale Ergebnisse der Untersuchung kann ihr gegenwärtiger
Status und ihre Möglichkeit charakterisiert werden:

1. Die solarthermische Elektrizitätserzeugung, zentral mit Parabolrinnen- und
   Solarturmkraftwerken sowie dezentral mit Dish/Stirling-Systemen, hat im Mittelmeerraum ein außerordentlich großes Potential. Die Einstrahlungsverhältnisse in
   16 Ländern des Mittelmeerraums sind gut bis sehr gut zur solarthermischen Strom-
   zeugung geeignet. Nur in Albanien, Frankreich, dem ehemaligen Jugoslawien, Nord-
   und Mittelitalien erscheint derzeit eine solarthemische Stromerzeugung nicht sinnvoll.
   Obwohl Gebiete mit Einstrahlungswerten mit weniger als 1750 kWh/m^{2}a

Direktstrahlung als Standorte für solarthermische Anlagen nicht geeignet erscheinen, reichen die verfügbaren Flächen unter Berücksichtigung der Bodenbeschaffenheit, Bodennutzung und infrastrukturellen Randbedingungen bei weitem aus, den Strombedarf der Mittelmeerländer auch langfristig zu decken. Insgesamt sind ca. 500.000 km^2 an Standortflächen mit guten Strahlungsverhältnissen und geeigneter Infrastruktur vorhanden. Dies entspricht etwa der Fläche von Deutschland, Österreich und der Schweiz. Insbesondere die zentralen Systeme, Parabolrinnen- und Solarturmkraftwerke, zeichnen sich durch eine hohe Flexibilität aus, die es erlaubt, die Stromerzeugung weitgehend den Bedarfsstrukturen im nördlichen und südlichen Mittelmeerraum anzupassen. Beide Technologien können mit Hilfe von geringen Anteilen an fossiler Zusatzfeuerung eine Verfügbarkeit erreichen, die weitgehend der fossiler Anlagen entspricht. Zukünftige solarthermische Anlagen werden mittels integrierter thermischer Speicher ihren fossilen Brennstoffverbrauch reduzieren und langfristig auch rein solar betrieben werden können.

2. Solarthermische Kraftwerke sind bereits heute eine der kostengünstigsten Möglichkeiten regenerativ Strom zu erzeugen. Ihr Anwendungsbereich liegt im Leistungsbereich 10 kW$_e$ - 200 MW$_e$. Unter sehr guten Einstrahlungsbedingungen können im Mittelmeerraum derzeit Stromgestehungskosten von 0,30 DM/kWh$_e$ erreicht werden. Langfristig ist infolge der Fortentwicklung der Technologien und der Ausschöpfung von Kostenreduktionspotentialen davon auszugehen, daß an Standorten in Südeuropa solare Elektrizität für 0,20 DM/kWh$_e$ produziert werden kann. In Nordafrika und den Ländern des Nahen Ostens dürften 0,15 DM/kWh$_e$ oder weniger erreicht werden. Die Kraftwerke sind damit heute, rein betriebswirtschaftlich gerechnet, nur in Nischenmärkten gegenüber konventionellen Kraftwerken wirtschaftlich. Kurz bis mittelfristig ist aber ein zunehmender Markt abzusehen, der ohne jegliche zusätzliche staatliche Subventionen auskommt. Von größter Bedeutung dazu ist die Überwindung der "kritischen Schwelle". Dazu ist ein Forschungs- und Demonsstrationsprogramm auf der Basis der heutigen Erfahrungen notwendig. Schwerpunkt dabei sind der Bau und Betrieb von weiteren kommerziellen Kraftwerken und Demonstrationsanlagen mit heutiger und weiterentwickelter Technik.

3. Bereits unter vorsichtigen Annahmen des Szenarios "Anschubpotential" ist es technisch und wirtschaftlich möglich, bis zum Jahr 2005 etwa 3.500 MW$_e$ und bis zum Jahr 2025 rund 23.000 MW$_e$ solarthermische Kraftwerksleistung in die nationalen Elektrizitätsversorgungsnetze des nördlichen und südlichen Mittelmeerraumes zu integrieren. Verstärken insbesondere die Staaten der Europäischen Gemeinschaft ihre Anstrengungen zur beschleunigten Nutzung solarer Energie, so könnten die Beiträge weiter bis zu 13.500 MW$_e$ im Jahr 2005 bzw. 63.000 MW$_e$ bis zum Jahr 2025 gesteigert werden. Sollte ein weitreichender Stromverbund realisiert werden, könnte ein

Solarstromexport aus dem Süden auch zur Versorgung von Ländern ohne eigenes solarthermisches Potential beitragen. Die bis zum Jahr 2005 vorstellbaren Zubauraten solarthermischer Kraftwerke würden im Mittelmeerraum mit den oben zugrunde gelegten Potentialen 4 % bis 15 % der neu zu bauenden bzw. zu ersetzenden Kraftwerke auf fossiler Basis substituieren. Die solarthermische Stromerzeugung bietet den Ländern des Mittelmeerraumes somit die Chance zu einer weiteren Diversifizierung der Stromerzeugung, die die Sicherheit der nationalen Energieversorgung erhöht und sie robuster gegen (unvorhergesehene und vorhersehbare) Krisen auf den internationalen Energiemärkten macht. Sie kann damit einen Beitrag für eine stabile wirtschaftliche Entwicklung leisten. Darüberhinaus stellt die solarthermische Stromerzeugung im (zu erwartenden) Fall eines Stromverbundes zwischen dem nördlichen und südlichen Mittelmeerraum eine langfristig erfolgversprechende Möglichkeit der internationalen Nord-Süd-Kooperation im Energiebereich dar.

4. Mit dem oben genannten Aufbau solarer Kraftwerke ist entsprechend der Ausschöpfung der Potentiale bis zum Jahr 2005 ein Marktvolumen von 15 bis 60 Mrd DM und im Zeitraum 2005 bis 2025 von 90 bis 220 Mrd. DM verknüpft. Dies entspricht ca. 1 - 4 Mrd. DM/a bzw. 4,5 - 11 Mrd. DM/a. Um diese Zahlen besser einordnen zu können, seien zum Vergleich einige Daten der Weltbank für die Investitionen in der Energiewirtschaft genannt. 1986 betrugen sie weltweit ca. 320 Mrd. US$ (ohne Planwirtschaftsländer), dies sind 11 % des gesamten investierten Kapitals. In Zukunft wird der größte Kapitalbedarf für die Energiewirtschaft in den Entwicklungsländern auftreten, die Mehrzahl davon liegt in sonnenreichen Regionen. Die Weltbank schätzt, daß die Investitionen für die Entwicklungsländer über 20 Jahre hinweg jährlich mehr als 100 Mrd. US$ betragen müssen, wenn das Nord-Süd-Gefälle mit all den negativen ökonomischen und sozialen Folgen, nicht noch mehr zunehmen soll. Derzeit werden ca. 50 Mrd. US$/a durch Energieversorgungsunternehmen, Entwicklungs und Geschäftsbanken sowie über bilaterale Protokolle finanziert. Wie die restlichen 50 Mrd. US$/a aufgebracht werden, ist derzeit völlig ungewiß. Die reichen, technisch kompetenten Länder des Mittelmeerraums und der Europäische Gemeinschaft könnten hier einen wesentlichen Anstoß zu der notwendigen ökologischen Restrukturierung der Energieversorgung in diesen Ländern leisten. Sie profitieren selbst davon auf verschiedene Weise: z. B. leisten sie damit einen Beitrag zur Entschärfung der globalen Energie- und Umweltprobleme, können einen langfristigen Exportmarkt für Technologiekomponenten etablieren, und im Gegenzug solarthermisch produzierten Strom importieren.

5. Jährlich wird die Atmossphäre mit 22,5 Mrd. t anthropogenem CO_2 belastet; die Folgen werden zunehmend als irreversibel betrachtet. Durch die Nutzung der Solarenergie entsteht kein CO_2. Längerfristig (bis etwa 2025) können solarthermische Kraftwerke

eine beträchtliche Reduktion der CO_2-Emissionen im Mittelmeerraum bewirken. Jedes solarthermische 100-MW_e-Kraftwerk vermeidet im Mittelmeerraum rund 200.000 t CO_2-Emissionen pro Jahr; über die Lebensdauer eines solarthermischen Kraftwerks gerechnet also mehr als 4.000.000 t CO_2. Eine Kombination von effizienteren fossilen Kraftwerken und ein Zubau solarer Kraftwerke von insgesamt 23.000 MW_e bis 2025 erlaubt zumindest eine Stabilisierung der CO_2-Emissionen auf dem heutigen Niveau. Ein nach der Jahrhundertwende forcierter Zubau solarer Kraftwerke bis zu 33 % (entsprechend 63.000 MW_e) des bis zum Jahr 2025 überhaupt erwarteten Marktpotentials von 190.000 MW_e an Kraftwerksneubauten würde dann eine CO_2-Reduktion um bis zu 35 % gegenüber dem heutigen CO_2-Ausstoß von rund 380 Mio t/a ermöglichen. Die CO_2-Vermeidungskosten betragen heute beim Einsatz der bereits verfügbaren Technologie je nach Kraftwerkskonfiguration, -Auslastung und -Standort 25 - 74 DM/t CO_2. Dieser Aufwand könnte beispielsweise durch eine CO_2-Abgabe von lediglich 1,5-4,5 Pf/kWh_e ausgeglichen werden, die im Rahmen von Kompensationsmaßnahmen von den wohlhabenderen Ländern Europas getragen werden müßte. Zukünftige, betriebswirtschaftlich konkurrenzfähige solarthermische Kraftwerke weisen selbstverständlich keinerlei Mehrkosten der CO_2-Vermeidung auf.

6. Der mögliche Beitrag solarer Kraftwerke zur Energieversorgung des Mittelmeerraums in energiewirtschaftlich relevanter Größenordnung von einigen Tausend MW_e schon bis zum Jahr 2005 kann nur erbracht werden, wenn in geeigneten Ländern jetzt mit dem Bau von Erstanlagen begonnen wird. Ob dazu ausreichende Rahmenbedingungen vorliegen, entscheiden die betreffenden Regierungen der Standortländer und der Industrieländer. Ohne energiepolitische und finanzielle Fördermaßnahmen können solarthermische Kraftwerke nicht gegen die derzeitigen Tiefstpreise bei fossilen Energieträgern, den Hauptenergieträgern der Stromerzeugung im Mittelmeerraum, konkurrieren. Daß es sich bei der derzeitigen Preissituation in Hinblick auf die Zukunft um eine Fehlentwicklung handelt, die der ökonomischen Vernunft vor dem Hintergrund der Ressourcenfrage und Umweltproblematik widerspricht, ist offensichtlich. Energiewirtschaft und Energiepolitik laufen daher Gefahr, daß die Chance eines sanften Strukturwandels vergeben wird und ein Übergang später in kurzer Zeit, bei erheblich höheren Kosten nachgeholt werden muß. Die damit verbundenen beträchtlichen volkswirtschaftlichen Verluste können heute noch vermieden werden. Die daraus resultierende heute notwendige Markteinführung sollte bei der solarthermischen Nutzung mit den in Kalifornien erprobten Parabolrinnenkraftwerken (über 350 MW_e sind dort bereits installiert) mit Öl- oder Gaszusatzfeuerung beginnen. Darüberhinaus zeigen alle untersuchten Technologien noch beträchtliche Entwicklungspotentiale. Werden diese in realistischen Schritten mittels weiterer Demonstrationskraftwerke zur Anwendungsreife gebracht, so können solarthermische Kraftwerke von 10 kW_e bis

$200\,MW_e$ innerhalb eines Jahrzehnts zur breiten kommerziellen Einführung bereitstehen.

Die Voraussetzungen hierfür zu schaffen, muß die nächste Aufgabe sein. Ein Dialog zwischen allen Beteiligten - Energiepolitik, Energieversorgungsunternehmen, Kraftwerksindustrie und Banken - ist dazu unerläßlich. Damit lassen sich für die Bundesrepublik Deutschland und die Länder der Europäischen Gemeinschaft folgende Handlungsempfehlungen ableiten:

- Die Bundesregierung sollte im Rahmen ihrer Klimaschutzziele ein ressortübergreifendes Programm vorlegen, in dem vor allem die zuständigen Ministerien zusammenwirken und ihre Verantwortungsbereiche auch institutionalisieren müssen, um den Bau von Solarkraftwerken gemeinsam mit den Partnerländern möglich zu machen. Damit müssen die Signale gegeben werden, die es der Energiewirtschaft erlauben, langfristig (und kontinuierlich) den Aufbau einer solarthermischen Industrie voranzutreiben.

- Die deutsche Industrie sollte ein Konsortium zum Bau solarthermischer Kraftwerke unter internationaler Beteiligung bilden. Ein solches Konsortium muß Aussicht auf reale Projekte haben, die ohne Unterstützung Dritter und insbesondere der Politik nicht erwartet werden können.

- Die deutsche Energiewirtschaft wird aufgefordert, mittels Paten- und Partnerschaften den Stromversorgungsunternehmen südlicher Länder Hilfestellung bei der Auftragsvergabe und -durchführung zu geben. Joint ventures können auch die Finanzierung erleichtern. Die in der Anfangsphase der Markteinführung solarthermischer Anlagen auftretenden Mehrkosten gegenüber konventionellen Kraftwerken könnten beispielsweise im Rahmen von CO_2-Kompensationsmaßnahmen abgedeckt werden.

- Industriekonsortium und solarthermisch kompetente Forschungsinstitute müssen die Technik der Solarkraftwerke kostensenkend weiterentwickeln; die Finanzierung von Forschung und Entwicklung muß überwiegend von der Bundesregierung getragen werden, bis kostendeckende Märkte entwickelt sind.

"Solarthermische Kraftwerke jetzt!" ist eine wirtschaftlich vertretbare, technisch untermauerte und ökologisch unausweichliche Forderung an eine glaubwürdige Energiepolitik zur Erschließung solarer Energiequellen und zum Schutze unserer Umwelt.

7 Anstelle einer Zusammenfassung - An Augmented English Summary

PREFACE

The necessity to design future energy supply systems which can satisfy long term the demands for ecological and social compatibility is the central challenge facing the world's energy economy in the next years and decades.

There is no doubt that enormous efforts are required of the highly industrialized countries, and that there must be intensive cooperation with the lesser developed countries, if global climate problems are to be tackled.

There is likewise no doubt that renewable energy sources will have to make a significantly higher contribution to the energy supply than they do at present.

Which energy carriers and energy systems are used to which extent in a particular country depends primarily on the energy resources available, the development level of the required technology, and on the technical, economic, political and social preconditions and possibilities to introduce these technologies in the energy market in question. One thing is sure, there will not be one ideal technical solution; a variety of systems will have to complement each other.

Against this background, this book evaluates the technical and economic chances for solar thermal electricity generation in the Mediterranean area, a market particularly interesting from a European viewpoint. In addition, the region studied can be considered typical of many well insolated areas of the world. Thus the methodology and procedures used in the analysis can be extended to other sun-rich regions, although the results and conclusions will of course be different in individual cases.

A main purpose of this book is to present information on solar thermal power plants which is as complete as possible, ranging from the basic technology to market research, and based on the actual technological status and the potential for future development. Meteorological, economic and structural conditions were systematically analyzed and compared with the performance potential of solar installations, making use of two time frames (mid-term to the year 2005 and long-term to the year 2025). A quantification of the possible solar fraction of total electricity generation is presented in the form of a so-called potentials cascade which begins with the meteorological situation and successively adds additional considerations such as available surface area, the electricity demand structure and the plant's development potential with respect to technology and economics. Since the market introduction of solar thermal systems is not least dependent on modifications to existing energy policies, various political strategies are presented in different scenarios. These will finally determine the extent to which solar thermal electricity generation can actually achieve its CO_2 reduction potential.

This book is based on a study entitled "Systems Comparisons and Potential of Solar Thermal Installations in the Mediterranean Area" (PSTM) which was carried out between autumn 1990 and autumn 1991 by the following institutions,

- The German Aerospace Research Establishment (DLR), Stuttgart

- Interatom GmbH (now Siemens AG/KWU), Bergisch Gladbach

- Büro Schlaich Bergermann & Partner, Stuttgart

- Solar and Hydrogen Energy Research Center Baden-Württemberg (ZSW), Stuttgart

under the coordination of the Systems Analysis Department of the ZSW (Study Director, Dr. J. Nitsch). The study was part of the scientific support provided to the "Almería Solar Test Center (Spain)" technology research program, which is being financed by the Federal Minister of Research and Technology and administered by the DLR's Energy Technology Division in Köln together with the Spanish operator of the "Plataforma Solar de Almería," the Centro de Investigaciones Energeticas, Medioambientales y Technologicas (CIEMAT).

The editors would like to express their special appreciation to all authors and participants in the PSTM study. Without their willingness to take on the additional task of revising their presentations of the original work it would not have been possible to publish this book.

BACKGROUND

Great progress has been made in solar thermal electricity generation since the early 1980's. Under favorable conditions (high levels of irradiance, load and revenue structures compatible with solar operation, long-term guaranteed purchase agreements, favorable tax treatment, the willingness of private investors to take risks), trough installations can be operated cost effectively already today. Other designs can achieve similarly promising electricity generating costs in the near future.

The following representative solar thermal electricity generation technologies were investigated (Fig. 1):

● Solar tower and parabolic trough power plants for feeding into large electricity grids,

● Solar dish/Stirling systems for supplying small consumers and stand-alone systems, and in individual cases also for link-up with large electricity grids.

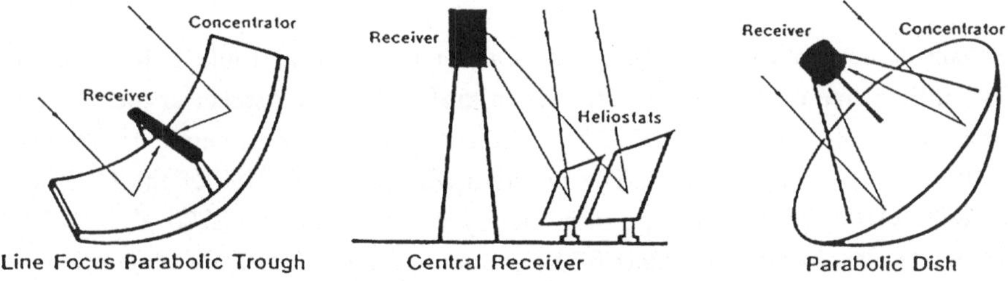

Fig. 1   Comparison of Concentrator/Receiver Placement for Tower, Dish/Stirling and Parabolic Trough Systems

The countries bordering the Mediterranean Sea, plus Portugal and Jordan, comprised the area of investigation. This "Mediterranean Area" (MA) of 19 countries was divided into a northern (Albania, France, Greece, Italy, the former Yugoslavia, Malta, Portugal, Turkey, Spain, Cyprus) and a southern part (Egypt, Algeria, Israel, Jordan, Lebanon, Libya, Morocco, Syria and Tunisia.)

For many reasons solar energy utilization is of special significance for the Mediterranean area:

● The MA includes countries with high levels of technological expertise and considerable financial resources, which are at the same time members of the EC. This implies a multitude of possibilities for technology transfer and the export of installations and components.

- It includes countries whose energy requirements are growing rapidly, with excellent site prerequisites for solar installations, making it a good location for both for demonstration installations and for early commercialization.

- It contains countries characterized by a western industrialized orientation and others which more closely resemble developing countries. It thus offers prime opportunities for both types of countries to effectively cooperate in initiating the development of an ecologically responsible energy supply, thereby reflecting a model approach for dealing with North-South inequities.

ASSUMPTIONS WHEN DETERMINING POTENTIALS

Structure of the Mediterranean Area

The relevant demographic and economic data are summarized in Table 1. In the entire MA, 386 million live on an area of c. 9 million km^2. Sixty-five percent of them live in the north on c. 30% of the total area, where the economic strength and energy consumption are also concentrated. The northern MA produces 91% of the GNP and requires 85% of the entire MA's primary energy consumption, or 7,700 TWh/a. The installed power plant capacity is 266,000 MW_e, from which c. 1,000 TWh of electricity is generated annually, nine tenths of which is for the northern MA. The total installed power plant capacity can be broken down into c. 30% hydropower, 22% nuclear energy, 15% oil-fired power plants, 18% coal-fired power plants, 11% gas-fired power plants, plus a small contribution from geothermal plants.

Over 90% of the imported energy goes to the northern MA. In general, a North-South comparison (Fig. 2) reveals the marked heterogeneity of the MA, in which the global North-South inequalities are clearly reflected. For this reason, average values have very limited usefulness. This is particularly true of the economic situation in the individual countries, which can heavily influence the extent to which solar thermal power plants can be financed. The foreign debt of Egypt, Jordan and Morocco amounts to over 100% of annual GNP; for Algeria, Tunisia, Turkey, Greece and Portugal the figure can be as low as 50%. The total foreign debt of the southern MA is c. 150 billion US$. Some of the northern countries, such as France, for example, are net lenders.

Table 1: Current Data on the Energy Economy of Mediterranean Countries

Criterion / Country	1	2	3	4	5	6	7	8	9	10	11	12	13
Egypt	51.9	34470	664	150	353.5	6.8	10.3	0	35	676	10098	75	S
Albania	3.1	2500	796	0	32.5	10.3	13.0	0	3	1016	765	100	N
Algeria	22.8	64600	2833	88	302.1	13.2	4.7	0	13	586	3836	75	S
France	55.9	873370	15638	0	2401.8	43.0	2.8	1097	355	6362	101075	98	N
Greece	10.0	40900	4090	49	230.4	23.0	5.6	230	31	3070	8552	90	N
Israel	4.6	44960	9774	0	100.7	21.9	2.2	121	18	4009	4137	95	S
Italy	57.5	828850	14415	0	1736.5	30.2	2.1	1369	221	3851	56403	95	N
Jordan	3.9	4270	1084	125	32.7	8.3	7.7	17	3	792	987	90	S
Yugoslavia	23.6	61710	2619	34	591.0	25.1	9.6	164	81	3445	16150	85	N
Lebanon	2.8	6050	2138	8	30.2	10.7	5.0	0	5	1640	819	0	S
Libya	4.3	23000	5349	0	132.5	30.8	5.8	0	14	3316	2000	80	S
Malta	0.5	1123	2441	0	4.6	10.1	4.1	58	1	2052	252	0	N
Morocco	23.9	21990	920	112	66.6	2.8	3.0	52	9	369	1862	50	S
Portugal	10.4	41700	4010	46	158.2	15.2	3.8	116	23	2207	6230	90	N
Spain	39.0	340320	8726	0	860.5	22.1	2.5	578	132	3375	36044	95	N
Syria	11.3	14950	1323	25	122.8	10.9	8.2	32	7	622	2918	88	S
Turkey	52.4	64360	1228	58	513.0	9.8	8.0	253	45	857	12493	85	N
Tunisia	7.8	8750	1122	69	45.1	5.8	5.2	0	5	583	1414	65	S
Cyprus	0.7	2039	2913	0	13.9	19.9	6.8	12	2	2160	389	90	N
All MA Sum	386.4	2479912			7728.5			4098	1003		266424		
All MA Average			6418	10		20.0	3.1			2524		85	
North MA Sum	253.0	2256872			6542.4			3817	894		238353		
South MA Sum	133.4	223040			1186.1			223	109		28071		
North MA %	65.5	91			84.7			94	89		89		
South MA %	34.5	9			15.3			6	11		11		

1	Population (millions)	8	Oil and gas imports: > Oil (TWh/a)
2	GDP (million US$/a)	9	Electricity generation (TWh/a)
3	GDP/cap (US$/capa)	10	Per capita electricity generation (kWh/capa)
4	Foreign debt (% of GNP)	11	Total power plant capacity (MW)
5	PEC (TWh/a)	12	Degree of electrification (%)
6	PEC/cap (MWh/capa)	13	Allocation (N = North, S = South)
7	PEC per GDP (kWh/US$)		

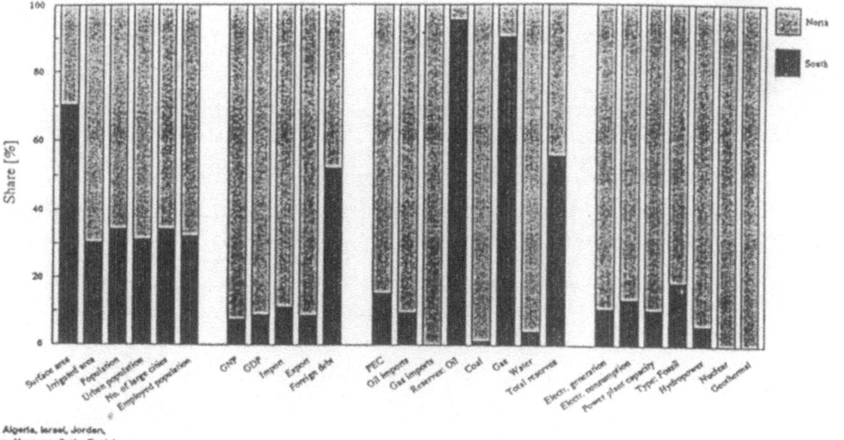

Fig. 2   North-South Comparison, Mediterranean Area

Insolation Conditions and Solar Energy Availability

Insolation conditions, which are not subject to modification, are the most important criterion for ranking countries as to their suitability for solar thermal installations.

Meteosat data resolved into 50 x 50 km grid elements (Fig. 3) were analyzed and, in combination with available data on direct insolation, five direct insolation categories were derived: DI-1800, DI-1950, DI-2100, DI-2350 and DI-2500 kWh/m^{2}a. Since solar thermal installations do not appear to be economical on sites with normal direct insolation below 1,800 kWh/m^{2}a (equivalent to a horizontal global insolation of ca. 1,700 kWh/m^{2}a), **Albania, France, the former Yugoslavia and North-Central Italy** were not considered suitable locations for solar thermal installations. For this reason, no more attention was paid to areas north of the 40th parallel in the insolation analysis. Wherever in the following tables reference is made to the "solar-suitable" northern MA, these countries are **not** included.

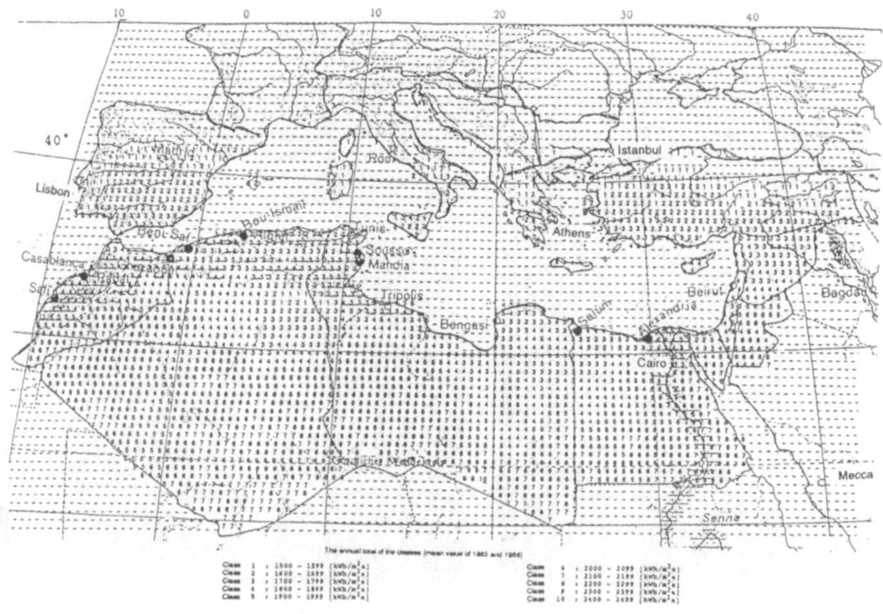

Fig. 3   Global Radiation in the Mediterranean Area, Grouped in Radiation Classes

A percentage distribution of direct insolation categories in the MA (Fig. 4) shows that c.

40% of the area is in categories DI-2350 and DI-2500, 40% in categories DI-1950 and DI-2100, and c. 20% in category DI-1800.

Insolation values clearly increase from north to south. Whereas in the South more than 50% of the surface area is in insolation category DI-2100 or above, there is no location in the North with such high levels.

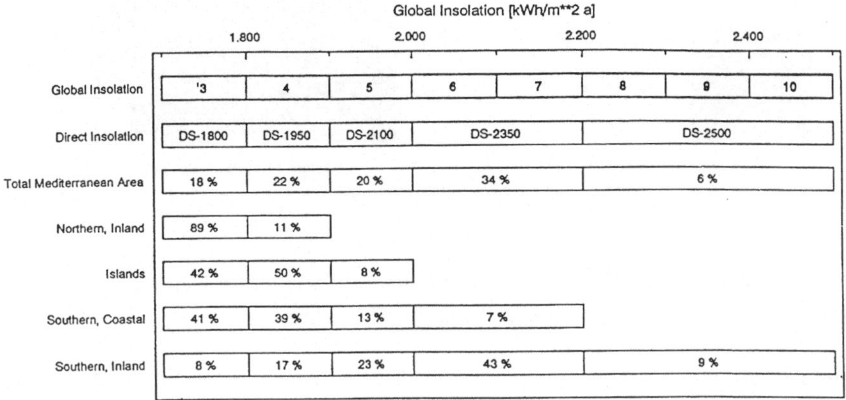

Fig. 4   Categories of Global and Direct Insolation

Surface Area Available for Solar Thermal Power Plants

The entire Mediterranean area contains c. 9 million km^2 of land. The amount is 20 or 30% less if only land south of the 40th parallel, or only sun rich areas with insolation over 1,700 kWh/m^{2}a, are considered to be potential sites (Fig. 5).

Subtracting from this figure the land areas which will be unsuitable in the long term, c. 1.3 million km^2 (exclusion criteria: bodies of water, human settlements, forest, sand deserts, areas with slopes above 5%), the potential amount of land available long term is c. 5.1 million km^2. If one additionally considers so-called limiting factors which restrict the chances to install solar thermal plants (the amount of land devoted to agriculture, meadows and permanent grazing), then long term 4.6 million km^2 of land is available. Most of it is located in the southern MA.

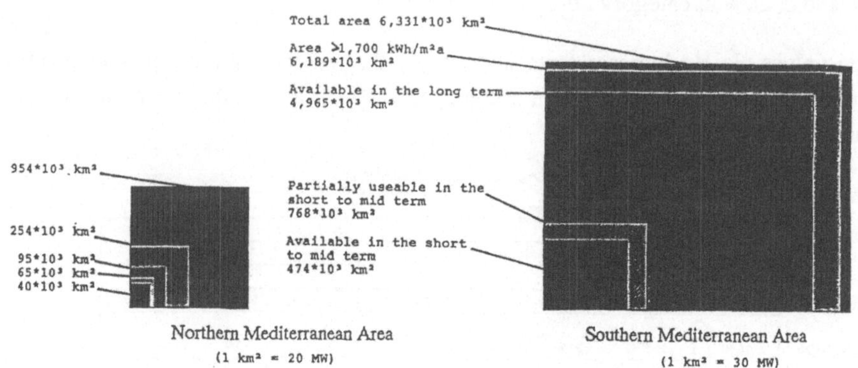

Fig. 5   Surface Area Available South of the 40th Parallel for Central Systems in the Northern and Southern Mediterranean Area

In order to determine how much land is available in the short-to-mid term, it was assumed that only those sites are possible for power plants which are no further than 50 km from existing or planned electricity grids or roads. If grid and road connections have to be constructed especially for a solar thermal power plant, then for a distance of 50 km, power plant costs would increase c. 10%.

After applying the 50 km criterion, plus the exclusion and limiting criteria, there are still 0.51 million km^2 of suitable land available. But the average insolation (kWh/m^{2}a) is, in the case of the land available in the short-to-mid term, significantly lower than in the case of the areas available in the long term, since the infrastructure is well developed particularly near the coast, whereas the areas with high insolation are almost all in the nearly uninhabited south. Of the 0.51 million km^2, more than 75% is in the three countries Egypt, Libya and Morocco.

The solar thermal power plant capacity which could in principle be installed on this land (c. 12,000 GW$_e$), could generate present global electricity requirements four times over. Even the relatively small amount of land available in the short-to-mid term in the northern MA (40,000 km^2) would be adequate to meet the electricity needs of the countries involved. Thus the availability of suitable surface area is not a significant barrier to the utilization of solar thermal energy.

Pattern of Electricity Consumption

From a large collection of electricity consumption curves, representative annual load curves were determined for the national grids of the northern and southern MA (Figs. 6a,b) and for three different types of decentralized grids.

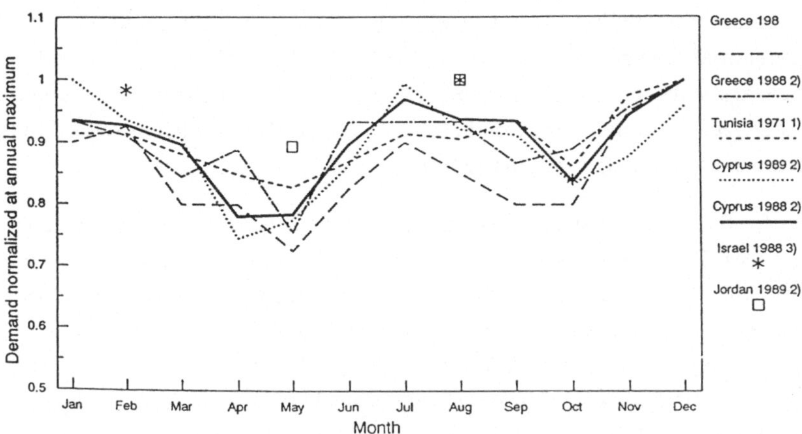

Fig. 6a   Seasonal Variations in Electricity Demand in the Southern Mediterranean Area (Weekdays)

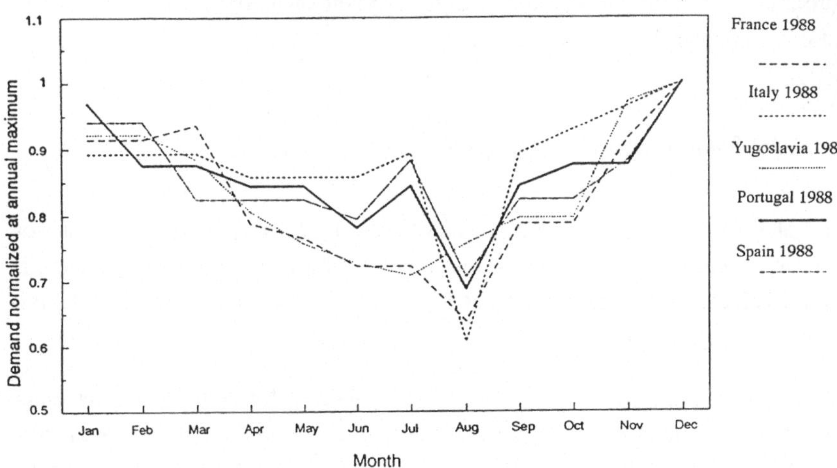

Fig. 6b   Seasonal Variations in Electricity Demand in the Northern Mediterranean Area (Weekdays)

These representative annual load curves on an hourly basis (8760 h) are made up of typical daily load curves for a workday, a Saturday, and a Sunday, from which typical weekly load curves were then derived for a winter, spring, autumn and a summer week.

It could be shown that the typical daily cycle in the southern MA has a high evening peak, whereas the cycle in the North is characterized by a midday-to-evening peak. The more industrialized countries of the southern MA also tend to have an additional midday peak, and for this reason a modified annual load cycle was assumed for the period after 2005 for the southern MA, compared with 1990. The seasonal differences in grid load in the northern MA are a result of high demand in winter and low demand in summer, particularly during vacation time. In the South, the annual peak load is also in winter, but the demand is almost as high in the summer months.

The load curves for the decentral supply systems and for the Mediterranean islands have important differences. The summer peak on islands with heavy tourism is noteworthy and to be contrasted with the winter peak on the lesser developed islands and in remote continental areas. Here, the daily cycle is clearly characterized by an evening peak load, whose significance decreases with respect to the midday load as grids are enlarged (ratio evening/midday peak 1:0.2 for grids serving fewer than 25,000 inhabitants, compared with 1:0.5 for grids serving 25,000-100,000 inhabitants).

Knowing the demand structures, and with the help of computer simulation programs, it was possible to determine the portion of the load which can be solar-supplied, and the storage requirements, as a function of installed power plant capacity and insolation levels for different types of solar thermal installations.

The Economics of Solar Thermal Installations

A calculation of the electricity generating costs of solar thermal systems in comparison with those of conventional power plants provided the basis for assessing economic viability. In all, calculations were carried out for 13 types of solar thermal installations under different insolation conditions.

The results for solar trough and tower installations, as well as for dish-Stirling systems, show that electricity generating costs drop as annual electricity yield increases as a consequence of larger installation capacity, higher solar insolation levels, and the further refinement of components and systems. These parameters were varied across a broad spectrum within the shaded fields shown in Figs. 7a and 7b. Installations already constructed or about to be constructed are indicated in these fields by solid symbols. The electricity generating costs for the other installations (the empty symbols) were extrapolated from prototype installations and detailed design studies.

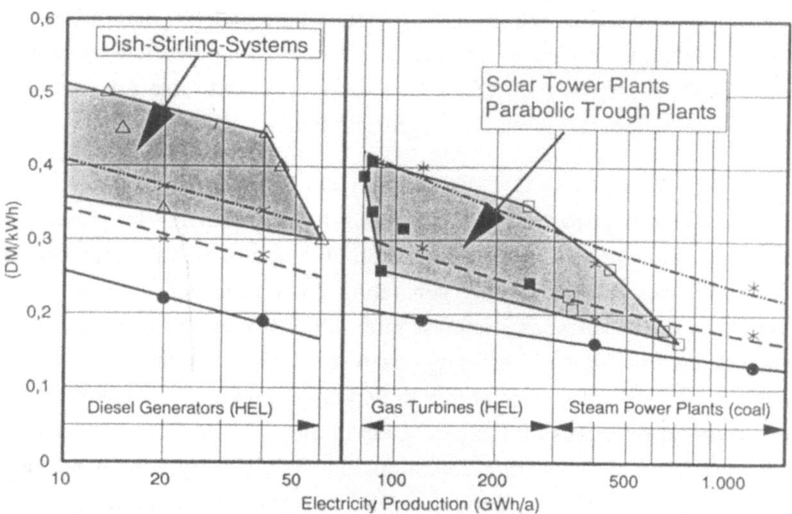

Fig. 7a   Energy Production Costs of Solar Thermal and Conventional Power Plants in the Range of 10 MW$_e$ to 200 MW$_e$ (Central Systems)

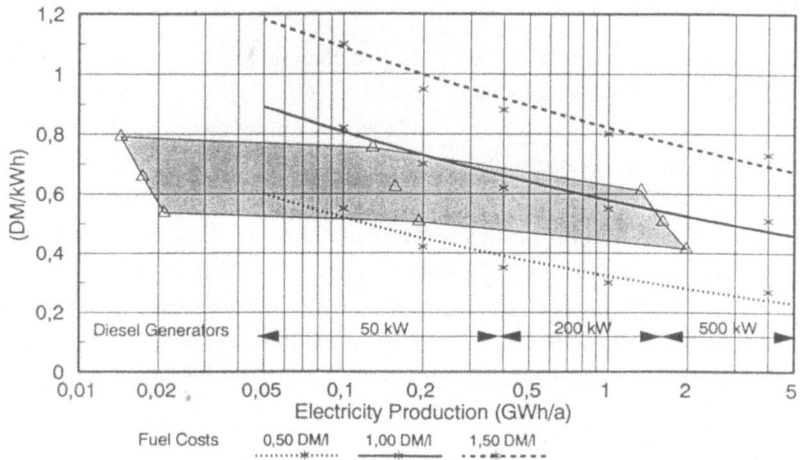

Fig. 7b   Electricity Production Costs for Decentralized Systems of Dish/Stirling (Advanced Technology) and Diesel Generators

119

In the case of **centralized** power plants (over 10 MW_e capacity), grid-connected dish-Stirling systems of up to 30 MW_e capacity can have electricity generating costs from solar-only operation of 0.30-0.50 DM/kWh_e as the technology matures and with series production. Large trough farms (30-200 MW_e) are -- as shown by the California example -- already competitive under very favorable conditions. They can achieve electricity generating costs of 0.30-0.40 DM/kWh (in the 1990-2005 time period). Plans are for the next solar tower installations to have supplemental fossil firing. As the technology advances, electricity costs around 0.20 DM/kWh can be expected, also for solar-only operation (around 2025, with series production of installations).

Against the background of the CO_2 discussion, the German Bundestag's Study Commission on "Preventive Measures to Protect the Earth's Atmosphere" has presented a scenario variant which anticipates a marked increase in the cost of fossil energy carriers by the year 2005. The resulting electricity generating costs from conventional power plants (depreciation over 20 years, 7% interest rate, 4,000 h/a utilization) lead to the upper cost curves shown in Fig 8a. This suggests that with the application of a CO_2 reduction strategy, especially solar thermal trough and tower power plants could replace gas turbine and steam power plants by the year 2005 in the entire MA, also in southern Europe, with its less favorable insolation conditions. Dish-Stirling systems would also have a chance to compete with diesel generators of the 5-10 MW_e class. If one assumes a trend of only moderate energy price increase, then by the year 2005 only very favorable sites with high insolation would be suitable for competitive solar electricity generation (middle cost curves). Economic viability at other locations could only be achieved in the long term (after 2005).

For **decentral** applications with small dish-Stirling installations (unit capacity 10 kW_e), the economic situation is fundamentally more favorable (Fig. 7b). In places without a supply infrastructure, which is typical for decentralized and autonomous supply services (e.g., water pumping, minimal electricity supplies for oasis settlements, etc.) the electricity generating costs are also high because of relatively high fuel costs (1-2 DM/l diesel fuel). If dish-Stirling installations were available, already fully developed and produced in series lots, then with electricity generating costs of 0.80-0.40 DM/kWh (11-200 kW_e) or 1.00-0.50 DM/kWh (stand-alone system with buffer battery) they would produce electricity more economically than would the usual diesel generator equipment. However, this electricity would not be available at any hour on demand without a storage system.

In general, seen from the usual business calculation, the perspectives for solar thermal electricity generation can be considered quite promising. This is even more the case if aspects relevant for the national economy such as environmental implications, dwindling supplies of resources, import-dependence and foreign debt are also considered.

An assessment of economic viability is only complete if electricity generating costs can be related to possible revenue from electricity sales. The **revenue structures** should be related to the long term incremental costs of the electricity generating system. Since such a practice does not yet exist in the Mediterranean countries, revenue structures are determined using the same approach as for the annual load curves. (Figs. 8a,b show one example). The amount of revenue in each case depends on the time of day and the season (see Fig. 6). The daily load cycle was taken into account by differentiating a two-to-three part structure which reflects the times of base load, intermediate load and peak load.

The absolute amount of the revenues is based on the electricity generating costs of modern fossil installations. For centralized systems the base load of a coal-fired power plant was chosen as the reference technology, with electricity generating costs of 0.10 DM/kWh (300 MW$_e$, capacity factor 6,500 h/a, fuel costs 90 DM/t), and for peak load a gas turbine (capacity factor 2000 h/a, fuel costs (HEL) 360 DM/t).

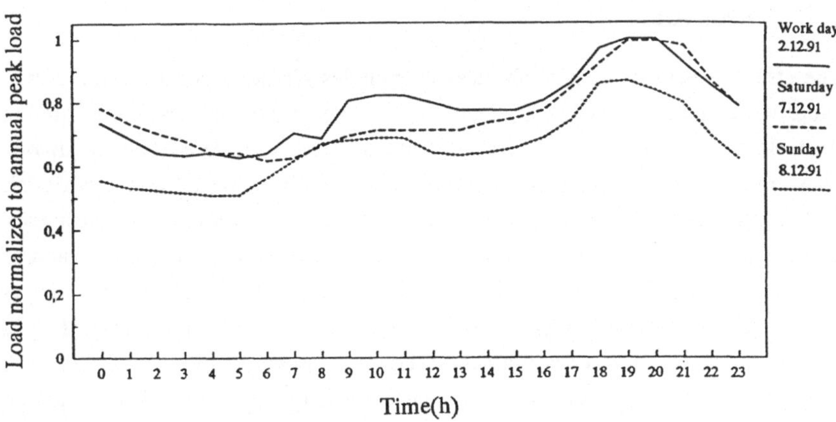

Fig. 8a   Representative Daily Load Curve for the Southern Mediterranean Area (2005)

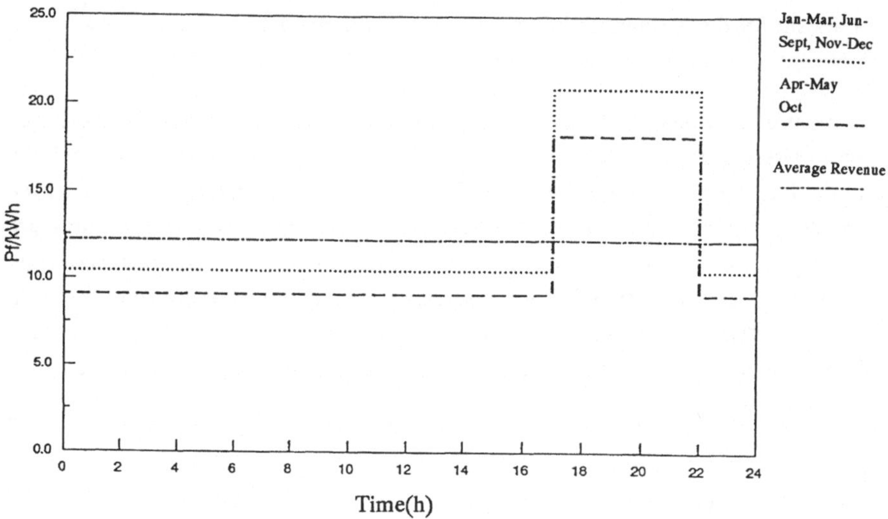

Fig. 8b   Representative Two-Level Revenue Structure for the Southern Mediterranean Area

The revenue structure shown in Fig. 8b already includes all fixed costs for the power plant, in addition to the fuel costs. To what extent this "capacity bonus" can be credited to solar thermal electricity generation is directly dependent on what capacity is available, particularly at times when high demands are being made on the grid (high tariff periods). Because of the evening load peaks in the southern Mediterranean area, a high capacity factor can only be achieved with the help of inherent thermal storage systems and/or supplemental fossil firing (Fig. 9a). The extent of supplemental firing is, as a function of the storage capacity, relatively low (Fig. 9b). Thus capacity factors of at least 80% in high tariff periods for a system providing three hours of storage can be achieved with only 20% supplemental firing (relative to annual electricity production, Fig. 10). The achievable revenue is in this case c. 0.16 DM/kWh (compared with the 0.12 DM/kWh possible with continuous delivery).

This discussion shows that solar thermal power plants can achieve capacity factors rates which are almost equivalent to those of fossil plants under the insolation conditions and load situation prevailing in the Mediterranean area if a small amount of supplemental fossil firing is provided. The resulting revenue is only slightly below the electricity generating costs. An increase in the price of fossil fuel would shift the ratio of electricity generating costs to possible revenue in favor of the solar thermal plants since their electricity generating costs are far less affected by price increases than are competing fossil power plants.

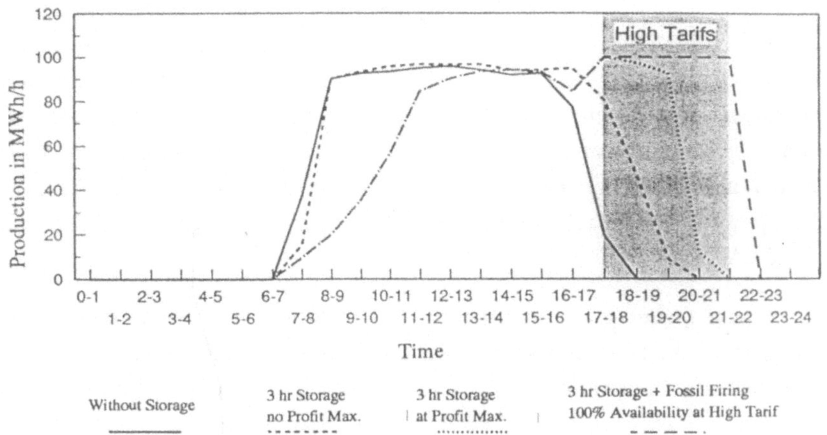

Fig. 9a   Effect of thermal storage and supplemental fossil firing on the daily supply structure

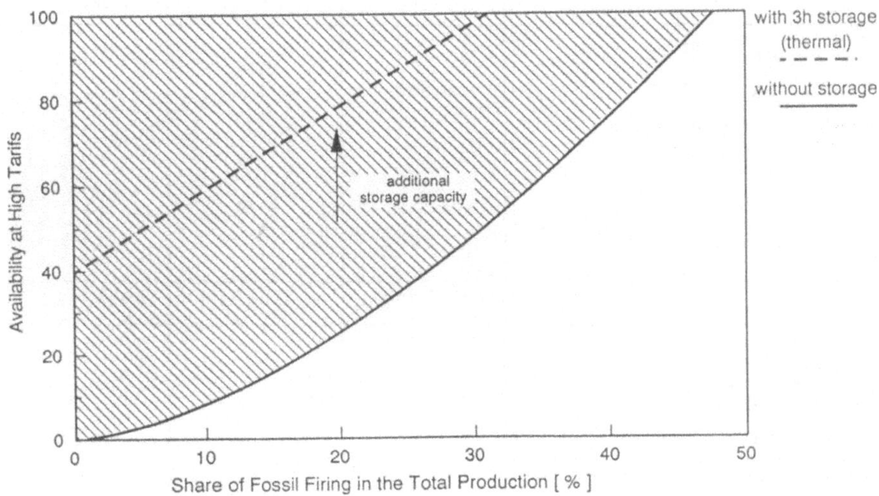

Fig. 9b   Increasing availability with thermal storage and supplemental fossil firing

Future Demand for Power Plants

The South's rapidly growing population and necessary economic growth, plus the need to replace fossil-fired power plants especially in the North, will determine future power plant requirements. Compared with other studies, relatively low growth rates were assumed for electricity consumption in order to point out that efficient electricity generation and utilization are also likely to be of great significance in the future. Nevertheless, power plant capacity in the entire MA will increase from the present c. 270 GW_e to c. 410 GW_e (Table 2).

The extent of new power plant construction and replacement of fossil-fueled power plants in that part of the MA suitable for solar installations[1], which is at the same time the potential market for solar thermal power plants, was calculated under the assumption that new hydropower facilities would have priority and that the amount of nuclear energy (only in Spain: 6.5 GW_e) would remain unchanged.

Table 2:   Installed Power Plant Capacity plus New and Replacement Potential for Fossil-Fired Power Plants in the Mediterranean Area

	1990	2005	2025
Installed Power Plant Capacity (GW_e)			
in entire MA	269	376	410
in solar-suited MA[1]	151	213	236
– amount of hydropower, geothermal[2]	48	73	75
– amount in northern MA	123	161	171
– amount in southern MA	28	53	65
	1990–2005	2005–2025	1990–2025
New and replacement potential for fossil-fired power plants[3] (GW_e) in solar-suited MA	90	100	190
New potential for hydro power plants (GW_e) in solar-suited MA	25	2	27

1)   Without France, Albania and Yugoslavia, countries unsuited to solar thermal electricity generation
2)   The proportion of nuclear energy (Spain) have been kept constant (6.5 GW_e)
3)   Average power plant service life: 30 years

---

1)   Excluding France, Abania and the former Yugoslavia, which are sites unsuitable for solar thermal electricity generation because direct insolation levels are too low.

The figure amounts to c. 90 MW_e by 2005, and c. 190 MW_e by 2025 (Table 2). New hydropower plants will be constructed especially in Turkey by the year 2005.

Two thirds of the power plant market in the next 35 years will be in the North and will consist to 80% of replacements. In the southern MA, new construction will dominate in the beginning, but over the entire time period new construction will approximately equal replacement (see also Fig. 10).

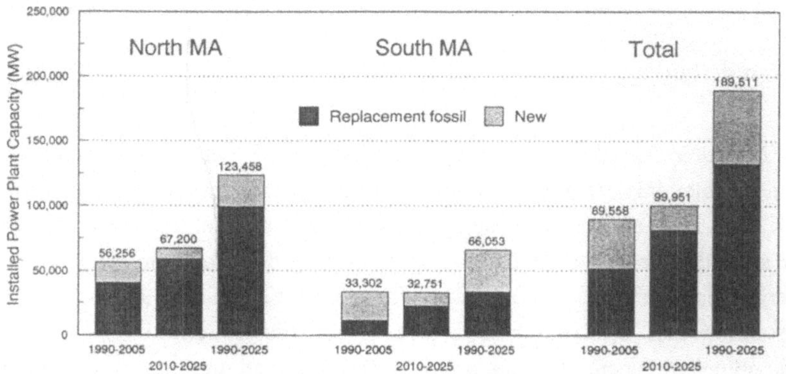

Fig. 10   New and Replacement Potential for Fossil-Fired Power Plants in the Mediterranean Area

Figure 11 shows the power plant capacity assigned to each country, and reveals the large

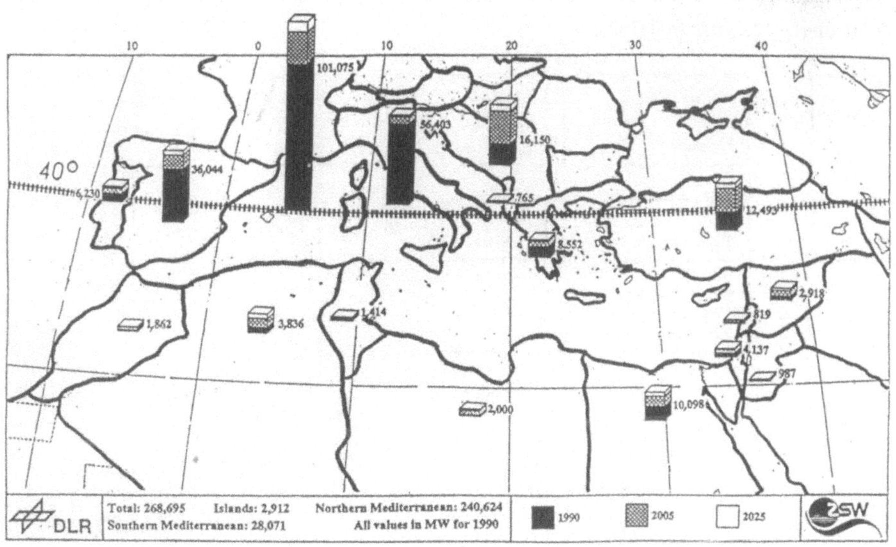

Fig. 11   Power Plant Capacity in the Mediterranean Area

predominance of the northern MA, especially when one takes into account the countries unsuited to solar thermal electricity generation: France, the former Yugoslavia and Albania.

SOLAR THERMAL ELECTRICITY GENERATION POTENTIALS

Methodology and definitions

The potentials for solar thermal installations in the MA were determined in several consecutive stages (potentials cascade). The most important parameters such as insolation levels, available land area, electricity consumption structures, technology and economic viability of the solar thermal installations, as well as the broader economic context as it affects the energy sector, systematically reduce these potentials. Since all parameters other than insolation and available land area can be adjusted and influenced by appropriate technological, economic and political activities, an interpretation of any potential is only possible in conjunction with the assumptions made in each case. Fig. 12 shows how the individual potentials concepts were defined and the most important influencing factors. The "anticipated potential" is a variable, depending on how possible it is to exploit the technical-economic potential, which in its turn depends on the particular energy policy in effect.

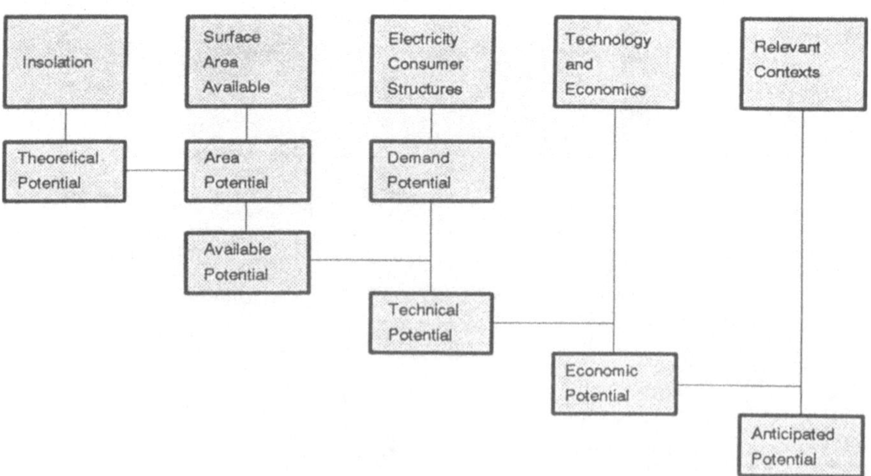

Fig. 12   Potentials Cascade

Results of the Potentials Estimates

Tables 3a-3c summarize the results of the potentials assessment for central systems for the entire MA, and for the northern and southern sections separately. Three reference values were used to evaluate the calculated potentials in these tables: installed power plant capacity of all countries in the area in question, the power plant capacity of the solar-suitable countries, and the annual peak load.

The installed power plant capacity of all Mediterranean countries (line 1) is primarily relevant for assessing an interconnected grid for the entire Mediterranean. Line 2 shows the installed capacity of those Mediterranean countries considered suitable for solar thermal electricity generation on the basis of direct insolation data, i.e., without Albania, France and the former Yugoslavia. The annual peak load in each case (line 3) was determined on the basis of assumed electricity demand. It is the most suitable value for assessing the solar thermal potentials shown, since when these were determined, any reserve capacities were ignored.

In the country-by-country presentations no international exchange of electricity was assumed. In the presentation of potentials for interactive national grids it was assumed that within the region in question loss-free electricity exchange could take place to any extent. This is already partly the case for the northern MA, but for the southern MA and for the MA as a whole this will only become possible in the long term. For this reason, the interconnected grid variant was only considered for the year 2025.

Table 3a shows that for the entire MA the **theoretical potential** (164,000 GW_e) and the **long-term available potential** (117,000 GW_e), assuming an international grid network, far exceed the installed capacity (by a factor of 300-700, depending on the reference value). For the country-specific available potential (12,000 GW_e, 50 km from existing infrastructure) the factor is between 30 and 60. With this capacity, current global electricity requirements could be met fourfold. About 90% of the theoretical potential, 80% of the short-to-midterm available potential, and 90% of the long-term available potential are in Egypt, Algeria, Libya and Morocco.

Table 3: Potentials of Centralized Solar Thermal Installations

a) Entire Mediterranean Area	Individual Countries			Inter-connected Grids MA
GW$_e$	1990	2005	2025	2025
Installed Capacity				
(1) Total:	269	376	410	410
(2) Solar-suited countries only:	151	213	236	236
(3) Peak load (from line)	(2) 97	(2) 145	(2) 169	(1) 275
(4) Theoretical Potential	163687	163687	163687	163687
(5) Available Potential	12159	12159	12159	117815
(6) Technical Potential	35.1	44.6	49.9	130
(7) Economic Potential	+	44.6	49.9	130

b): Northern Mediterranean Area and Islands	Individual Countries			Inter-connected Grids North
GW$_e$	1990	2005	2025	2025
Installed Capacity				
(1) Total:	241	323	345	345
(2) Solar-suited countries only:	123	161	171	171
(3) Peak load (from line)	(2) 79	(2) 111	(2) 128	(1) 233
(4) Theoretical Potential	5931	5931	5931	5931
(5) Available Potential	832	832	832	1465
(6) Technical Potential	27.6	31.0	33.3	68.5
(7) Economic Potential	+	31.0	33.3	68.5

c): Southern Mediterranean Area	Individual Countries			Inter-connected Grids South
GW$_e$	1990	2005	2025	2025
Installed Capacity				
(1) Total:	28	53	65	65
(2) Solar-suited countries only:	28	53	65	65
(3) Peak load (from line)	(2) 18	(2) 34	(2) 41	(1) 41
(4) Theoretical Potential	157756	157756	157756	157756
(5) Available Potential	11327	11327	11327	116350
(6) Technical Potential	7.5	13.6	16.6	16.6
(7) Economic Potential	+	13.6	16.6	16.6

+ = Potential cannot be quantified; however, cost-effective operation is under certain conditions already possible today.

A conservative estimate of the maximal possible load to be serviced by solar power plants, assuming that the minimal electricity demand at times of maximal solar energy availability (12 noon local time) is not to be exceeded, i.e., that solar energy is not stored to any significant extent, is a **technical potential** for the entire MA of 35 GW_e in 1990 , 45 GW_e in 2005, and 50 GW_e in 2025 (line 6 in Table 3a). If one takes the interconnected grid into account, then the value increases to 130 GW_e in 2025 for the entire MA, to 68.5 GW_e for a northern MA set of grids, and to 17 GW_e for a southern MA set. It is evident that in the southern MA an interactive grid system brings no advantages over autonomous national grids for the assumed demand profile.

The analysis shows that future requirements for power plants (90 GW_e by 2005, 190 GW_e by 2025) are in excess of the technical potential. Nevertheless, the technical potential does not represent a limitation mid-term for the expansion of a solar thermal industry, because in order to exploit this potential, over 3000 MW_e of solar thermal power plant capacity would have to be installed each year on average by the year 2005. It does not at present seem at all likely that this limit will be reached.

In the long term an exploitation of the technical potential (50 GW_e) which has been determined in a country-by-country analysis is conceivable. By then, however, the European grid and the grid linking countries of the southern Mediterranean area would be interconnected, so that in this case (which presumes a significant solar thermal power plant industry) one could assume increased demand because of the possibility of long-distance transport of solar electricity to central Europe, for example.

The economic potential is practically identical with the technical potential, since, assuming a trend of moderate price increases for fossil energy carriers, the fossil-fired hybrid power plants will be economical by 2005, as will all solar thermal power plant configurations by 2025.

Commercialization of Solar Thermal Power Plants in the Mediterranean Area

In the next few decades, about 5,000-6000 MW_e of new or replacement fossil-fueled power plant capacity will have to be constructed annually in the solar-suitable countries of the MA; i.e., c. 90 GW_e by 2005 and a total of 190 GW_e by 2025. What part of this will be supplied by solar thermal power plants depends on the energy policies and strategies of the EC and of the entire region, and on the response patterns of electric utilities and industry. The influence of these factors cannot of course be predicted. Therefore, a number of different scenarios have been developed for the tapping of market potentials in order to point out the action required, whereby growing interest and support for the introduction of solar technologies is generally assumed (Table 4).

In this study, the lowest variant ("**anticipated potential**" scenario) was derived in detail for each country. In this variant it becomes evident that intensified support for pilot plants for demonstration purposes and additional longer-range research and development work in especially committed countries could lead by the year 2005 to a 3-6% market share for solar power plants of all new and replacement fossil power plant construction mentioned above. It has also been assumed that bilateral agreements in the next few years (e.g., in the context of development and technology policies) will make possible the construction of solar installations in the southern MA. After 2005, with accelerating market dynamics and increasing prices for fossil fuels, a market share of c. 20% is expected in this scenario. Thus, in 2025 c. 23,000 MW_e of solar power plant capacity could be installed in the MA, which is just under 10% of the total capacity expected to be needed by that date (including hydropower).

Larger market shares for solar power plants are possible if as part of a common EC energy policy a high value is placed on solar energy and if, for example, an agreement is made with the Mahgreb countries to give priority to the development and introduction of solar technologies in the MA. These shares could be c. 8% by the year 2005 and 35% for the time period 2005-2025, and appear as part of the "**accelerated introduction**" scenario. The consequence of this scenario is a 43,000 MW_e solar power plant capacity in the year 2025, which approaches the technical potential, not taking interconnected grids into account (see also Table 3).

The recommendations to reduce global CO_2 emissions (e.g., Toronto Conference: 20% by 2005, 50% by 2050) alone call for far-reaching efforts. For a rapidly developing economic area like the MA, this objective cannot be reached by 2005. The aim is to achieve a pronounced reduction in the long term despite increased electricity consumption. This can be accomplished e.g., by accelerating the new construction of solar power plants, especially after 2005. This type of new-construction strategy, based on the call for a global climate policy, is shown in the "**CO_2 reduction**" scenario. It assumes market shares for solar thermal power plants of 15% by 2005 and 50% after 2005, and leads to a solar power plant capacity of c. 65,000 MW_e in 2025. From a technical point of view this kind of capacity demands the large-scale interconnection of national grids among several countries, or the integration of large storage systems in the individual power plants. Table 4 summarizes the data for these scenarios:

Table 4:   Total Installed Solar Capacity (GW_e); (figures in brackets = percent of entire market volume for fossil power plants)

Scenario	1990–2005	2005–2025	1990–2025
"Anticipated Potential"			
– Northern MA	1.5 (3)	11.9 (18)	13.4 (11)
– Southern MA	2.0 (6)	7.8 (24)	9.8 (15)
– Total	3.5 (4)	19.7 (20)	23.2 (12)
Average annual new construction (MW/a)	230	1000	670
"Accelerated Introduction"			
– Northern MA	3.5 (6)	20.3 (30)	23.8 (20)
– Southern MA	4.0 (12)	14.7 (45)	18.7 (25)
– Total	7.5 (8)	35.0 (35)	42.5 (22)
Average annual new construction (MW/a)	500	1750	1210
"CO_2 Reduction"			
– Northern MA	8.4 (15)	33.6 (50)	42.0 (33)
– Southern MA	5.0 (15)	16.4 (50)	21.4 (33)
– Total	13.4 (15)	50.0 (50)	63.4 (33)
Average annual new construction (MW/a)	900	2500	1810

Figure 13 shows how much of the power plant market will be exploited in each country for the **"anticipated potential"** scenario. The countries with the most activity in the North are Italy and Spain because of their substantial need to replace existing fossil power plants. For example, Italy will have to replace c. 20,000 MW_e from oil and gas-fired power plants by 2005 (and presumably c. 50,000 MW_e worth by 2025), a large portion of which could be supplied by solar thermal power plants. In the South the high rates of new construction resulting from population growth and the increased electricity demands which are assumed to accompany this growth define the potential market for solar power plants. Thus, Egypt and Algeria will each require 5,500 MW_e of additional power plant capacity by 2005.

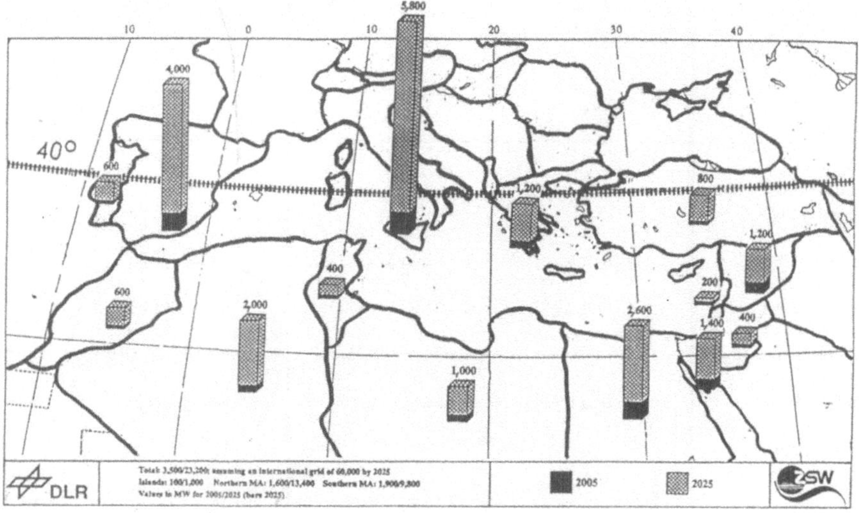

Fig. 13   Anticipated Potential in the Mediterranean Area

It is evident that there is need for extensive activity in the setting of energy policy if even the values of the **"anticipated potential"** scenario are to be tapped by solar energy at an early date and to a significant extent.

Solar power plant capacity for the three market scenarios is compared with total installed power plant capacity in Fig. 14. Accordingly, only after 2005 do the possible growth rates for new solar power plant construction exceed those expected for power plants in general (Fig. 14a). The absolute growth in solar capacity is higher in the northern MA because of the greater demand, but the proportion of total capacity is much higher in the southern MA and can achieve values between 15-33% by 2025 (Fig. 14b).

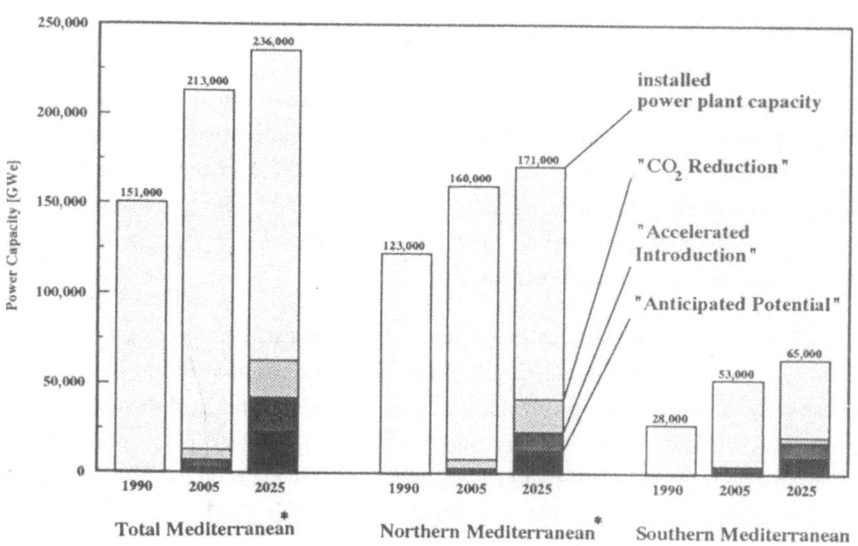

Fig. 14a   Potential Solar Thermal Power Plants in the Mediterranean Area

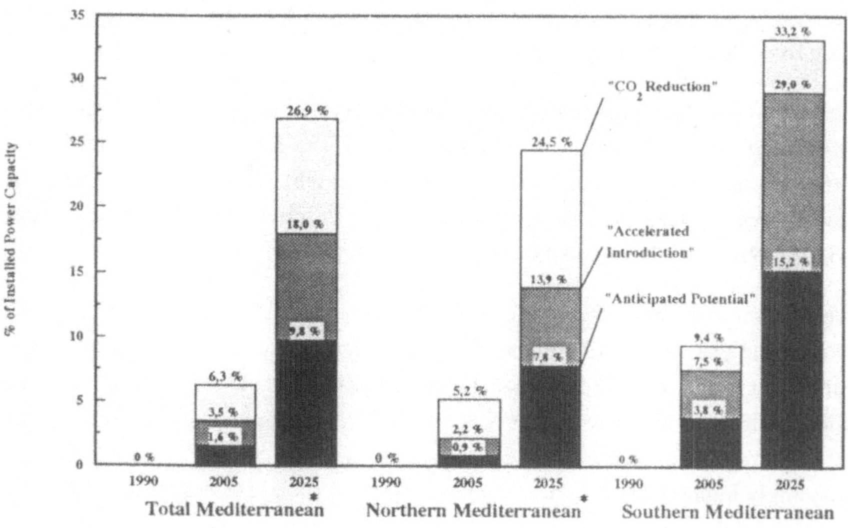

Fig. 14b   The Share of Installed Power Capacity for Future Solar Thermal Power
Plants

The Contribution to Reducing CO_2 Emissions in the Mediterranean Area by Solar Thermal Electricity Generation

Current CO_2 emissions were determined for all countries suited to solar thermal electricity generation. They amount to c. 380 million tons CO_2/year (for comparison: this is c. 40% of the CO_2 emissions of all the energy-using sectors of the former East and West Germanies together). Electricity produced from the fossil energy carriers coal, oil and natural gas amounted in 1990 to 414 TWh/a, which is approximately the total electricity generation of what was West Germany.

By the year 2005, the amount of electricity generated from fossil-fired power plants will increase 30% (56% by 2025) in conformity with assumptions about the growth of total installed capacity. With today's power plant technology, this would lead to an equivalent increase in CO_2 emissions (the "status quo" in Fig. 15). Power plants with higher efficiencies (matching those of present German power plants by 2005, with an additional 5% by 2025) could lead to a level of CO_2 emission stabilized at 120% of today's values.

Solar thermal power plants have an average CO_2 reduction capacity of c. 2,000 t CO_2/year per MW_e installed power plant capacity. Depending on which fossil energy carrier is used for the comparison, every solar-generated GWh_e (1 million kWh) avoids 700-920 t CO_2. When related to the surface area required for these power plants, this is equivalent to c. 50,000 t CO_2/year and km^2.

When related to the electricity generation costs of today's fossil power plants, the specific CO_2 avoidance costs of future solar power plants are between 25-74 DM/t CO_2, depending on the power plant configuration and extent of utilization. Subsequent, economically competitive solar thermal power plants (cf. price scenario for fossil energy in Fig. 8) will obviously have no additional costs for CO_2 avoidance.

The assessement for solar thermal power plant expansion suggests a reduced CO_2 balance after the year 2005, if commercialization is started now. The reduction is less if the solar power plants require supplemental fossil firing (for 25-40% of annual energy production), which is likely to be the case until 2005. In the subsequent time period, however, solar-only operation could in general prevail, which would lead to a correspondingly higher CO_2 reduction (the lower line in each case in Figure 15).

In the **"anticipated potential"** scenario, today's CO_2 emission levels can again be reached by 2025. Only the **"accelerated introduction"** scenario, assuming only solar power plants after 2005, or the **"CO_2 reduction"** scenario would lead to the recommended explicit 20-35% decrease by 2025 or, if the strategy is continued long term, to a 50% decrease by 2050.

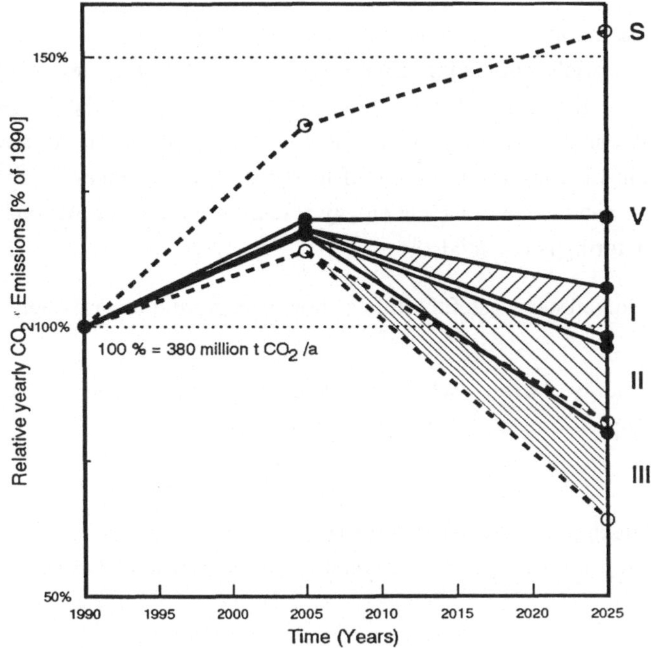

S: Status-quo development: fossil power plants (state-of-the-art)
V: Improved fossil power plants
I: "Anticipated Potential" scenario (12%)[1]
II: "Accelerated Introduction" scenario (22 %)[1]
III: "CO$_2$ Reduction" scenario (33 %)[1]

1) Share of fossil power plants in the total market potential by
   2025 (190 GWe)
   The upper line for each scenario: hybrid mode solar power plants
   The lower line for each scenario: solar power plants without additional
   fossil firing

Fig. 15   The Reduction of CO$_2$ Emissions in the Mediterranean Area from Solar
Thermal Electricity Generation

135

CONCLUSIONS AND ENERGY POLICY RECOMMENDATIONS

A supply of energy is one of the most important prerequisites for the development and welfare of nations. As the world's population continues to grow, boosting levels of production and consumption, the demand for energy will increase worldwide. A continuation of the current energy economy, which is based to 80% on fossil raw materials, is not defensible in the long term in view of its serious consequences for the climate and the environment, and also because the energy resources on which it depends are in limited supply. Restructuring is essential:

- away from a spendthrift, sometimes wasteful attitude about energy, and toward energy efficiency;

- away from dangerous energy carriers which are becoming scarce, and toward renewable, ecologically responsible and low-risk energy systems.

This kind of change cannot take place immediately; it is a process which requires time. Nevertheless, if meaningful results are desired in 20 years, then the first steps have to be taken today.

This study uses the example of the Mediterranean area to demonstrate that solar thermal electricity generation in well-insolated regions of the world (extending to the 40th parallel north and south) is one of the most promising and realistic approaches to making a significant contribution in the short-to-mid term, at reasonable cost, toward an environmentally responsible energy supply system which is conservative of resources. The reasons are:

1. Solar thermal electricity generation, centrally with parabolic trough and solar tower power plants and decentrally with dish/Stirling systems, has an extraordinarily great potential in the Mediterranean area. Insolation levels in 16 Mediterranean countries are well or ideally suited to solar thermal electricity generation. Only in Albania, France, the former Yugoslavia and north/central Italy does solar thermal electricity generation not appear to be feasible at present. Locations with direct insolation values below 1,750 kWh/m^{2}a are not considered suitable sites for solar thermal plants, but the remaining amount of suitably insolated land is more than sufficient to meet the electricity requirements of the Mediterranean countries, also in the long term. In all, c. 500,000 km$_2$ of potential sites are available with good insolation conditions and the requisite infrastructure. This is approximately equal to the combined surface areas of Germany, Austria and Switzerland. Particularly the centralized systems, parabolic

trough and solar tower power plants, are so flexible in their design that electricity generation can be fairly closely tailored to the different load demands existing throughout the northern and southern Mediterranean area. By making minimal use of supplemental fossil firing, both technologies can achieve capacity factors similar to those of fossil plants. Future solar installations will have even lower levels of fossil fuel consumption because of their inherent thermal storage systems, and long-term will be operated in solar-only mode.

2. Solar thermal power plants are one of the most cost effective options for generating electricity from renewable energy sources in the $10kW_e$ - 200 MW_e range. Electricity generating costs of 0.30 DM/kWh can be achieved already today in the Mediterranean area at sites with excellent insolation conditions. Because the technology will continue to mature and cost reduction potentials still remain to be exploited, it is reasonable to expect that solar electricity can be produced in southern European sites for 0.20 DM/kWh. In North Africa and the Middle East, the figure could be 0.15 DM/kWh or less. Using conventional cost calculations, these power plants are only economical today for certain niche markets when compared with conventional power plants. But in the short-to-mid term there will be a growing market that can be served without the need for the state to subsidize the technology in any way. This will, however, only happen after the "critical point" has been passed. For this reason, a development and demonstration program is needed based on experience gathered to date. The emphasis must be placed on the construction and successful operation of additional commercial and demonstration power plants using current and innovative technology.

3. Even with the conservative assumptions of the "anticipated potential" scenario, it is technically and economically possible to integrate about 3,500 MW_e of solar thermal power plant capacity in the national electricity grids by the year 2005, and 23,000 MW_e by 2025. If the European Community in particular intensifies its efforts to accelerate the utilization of solar energy, then these amounts could be even higher, 13,500 MW_e by 2005 and 53,000 MW_e by 2025. If an extensive international grid becomes a reality, then solar electricity can be exported from the South in order to supply countries without solar thermal potentials. Taking the potentials presented above as a basis, new power plant construction in the Mediterranean area could substitute 4-15% of the new or replacement oil or gas fired power plants by the year 2005. Solar thermal electricity generation offers the countries around the Mediterranean the opportunity to further diversify their electricity generating options, thereby increasing the security of their national energy supply and making them less vulnerable to the unanticipated and inevitable crises on the international energy markets. It can thus make an important contribution toward their stable economic development. In addition, solar thermal electricity generation represents a long term

promising opportunity for North-South cooperation in the energy sector, should the international electricity grid linking the northern and southern Mediterranean materialize as expected.

4. A market volume of 15-60 billion DM by the year 2005, and 90-220 billion DM in the period 2005 to 2025, will be forthcoming if new construction of solar power plants takes place to the extent described above in keeping with the exploitation of the potentials. This is about 1-4 billion DM/a in the first case, and 4.5-11 billion DM/a in the second. In order to assess the significance of these amounts, it is useful to compare them with some data from the World Bank on investments in the energy economy. In 1986 these amounted to c. 320 billion US\$ globally (the planned economies are not included), or 11% of all the capital invested during that year. In the future the greatest demands for capital in the energy sector will be in the developing countries, and most of these are located in the earth's sun belt. The World Bank estimates that investments in the developing countries will have to amount to over 100 billion US\$ annually for 20 years, if the North-South gap, with all its negative economic and social consequences, is not to increase. At present, c. 50 billion US\$/a are being financed by public utilities, development and commercial banks, and as a result of bilateral agreements. There is no concept at present for financing the remaining 50 billlion US\$/a. It is inevitable that the rich, technologically competent countries of the Mediterranean area and the EC will have to be the ones to initiate the needed restructuring of the energy supply system in these countries. They themselves will benefit in a number of ways, by making a contribution toward solving global energy and environmental problems, and by establishing a long-term export market.

5. Each year the atmosphere is polluted with 22.5 billion tons of man-made CO_2; the consequences are increasingly being regarded as irreversible. No additional CO_2 arises from the use of solar energy. In the long term (until about 2025) solar power plants can bring about a considerable reduction in CO_2 emissions in the Mediterranean area. Every 100 MW_e solar thermal power plant can reduce CO_2 emissions by 200,000 t annually. Over the lifetime of a solar power plant this amounts to more than 4,000,000 t CO_2. Creating a plant mix of more efficient fossil power plants and new additional solar power plants totalling 23,000 MW_e by 2025 would make it possible to at least stabilize CO_2 emissions at today's levels. Giving priority to the construction of new solar power plants to the extent of up to 33% (or 63,000 MW_e) of the total market potential expected by the year 2025 (190,000 MW_e) for new power plant construction, would make possible a reduction in CO_2 emissions of up to 35% compared to today's emissions of c. 380 million t/a. Using technology available today, the cost of avoided emissions amounts to 25-74 DM/t CO_2, depending on power plant configuration,

capacity factor and site. This expense could be covered by a CO_2 tax of only 0.015-0.045 DM/kWh$_e$ for example, borne as a compensation payment by the wealthier countries of Europe. Future, economically competitive solar thermal power plants would of course not have any additional costs for CO_2 avoidance.

6. A possible contribution from solar power plants to the energy supply of the Mediterranean area to an economically relevant extent (several thousand MW$_e$) as early as 2005 can only be realized if a start is made now to build the first power plants. The governments in question, namely, those of the site countries and of the industrialized countries, will have to establish the appropriate preconditions. Without special political and financial support solar thermal power plants will not be able to compete with the very low current prices for fossil fuels, which are the prevailing energy carriers for electricity generation around the Mediterranean. It is obvious that the present price situation leads to an allocation of resources which contradicts economic sense in light of future problems already now becoming evident: limited energy resources and an endangered environment. The energy industry and those responsible for energy policy could miss an opportunity to bring about a gentle structural revision now, and be forced to quickly make a more difficult transition later. The inevitably high economic losses that would result can still be avoided today. This would, however, require the market introduction now of solar thermal technologies, particularly at first the parabolic trough approach already well-tested in California (over 350 MW$_e$) which operates with supplemental oil or gas firing. In addition, all the other technologies investigated have considerable development potential. If they are brought to technological maturity in realistic stages including further demonstration plants, then solar thermal power plants of the 10 kW$_e$ to 200 MW$_e$ range can be ready for wide commercial deployment within a decade.

Creating the appropriate conditions will have to be the next task. A dialog involving all participants -- politicians, public utilities, the power industry and financing institutions -- is an essential element. This consideration leads to the following recommendations for action in Germany and the countries of the European Community:

- As part of its efforts to meet its exemplary climate protection goals, the German government should draw up an interdepartmental program in which especially the relevant ministries work together and so coordinate their areas of responsibility that those institutions can be set up which would make possible the construction of solar power plants together with other partner countries. This would give the appropriate signals which would allow the energy industry to develop long term (and steadily expand) a solar thermal industry.

- German industry should set up a consortium to construct solar thermal power plants in international cooperation. Such a consortium must of course be given actual projects, and these cannot for the time being be provided without third-party and especially political support.

- The German energy industry is called on to assist the public utilities in southern countries as they place orders and realize projects. Joint ventures can facilitate financing. The extra costs (compared with fossil plants) which arise in the early phases of the market introduction of solar thermal plants can be covered by CO_2 compensation agreements.

- The industrial consortium and competent solar thermal research institutions must continue to develop solar power plant technology so that its cost can be reduced. The financing of research and development must be borne for the most part by the German government until markets have evolved where all the costs are covered.

"Solar thermal power plants now!" is an economically responsible, technologically sound and ecologically unavoidable call which must be taken up if an energy policy which protects the environment and taps solar energy sources is to be credible.

8 Ausgewählte Literatur

Eine ausführliche Zusammenstellung der verwendeten Literatur findet sich in Band II.

Becker, M., Meinecke, W. (Hrsg): Solarthermische Anlagen-Technologien im Vergleich - Turm-, Parabolrinnen-, Paraboloidanlagen und Aufwindkraftwerke, Springer-Verlag, 1992.

BfAI - Energiewirtschaft: verschiedene Länder; Bundesstelle für Außen-handels-informationen, Köln

BfAI Wirtschaftslage (einzelne Länder / Aktuelle Wirtschaftsdaten; verschiedene Länder), Bundesstelle für Außenhandelsinformationen, Köln

Bundesanstalt für Geowissenschaften und Rohstoffe: Reserven, Ressourcen und Verfügbarkeit von Energierohstoffen; Hannover 1989

Energy Statistics Yearbook 1983 / 1987; United Nations, New York 1985 / 1989

Fischer Welt-Almanach '90/91, Fischer Verlag, Frankfurt a. M., 1990, 1991

GKSS-Forschungszentrum Geesthacht: Solarstrahlungsdaten auf Datenträger, erzeugt auf der Basis von Meteosatdaten für die Jahre 1985 und 1986, 1990.

Grasse, W.: Aussichten für die Stromerzeugung mit solarthermischen Kraftwerken, VDI-Berichte Nr. 942, 1992

Hillesland, T. Jr., Weber, E.: Utilities Study of Solar Central Receivers, 4th International Syposium on Solar Thermal Technology, Santa Fé (NM) 1988

IEA-Statistics - Energy Balances of OECD Countries 1987/1988

Ministerio de Industria y Energia: Informe sobre la Explotacion del Sistema Electrico Nacional 1989, Spanien 1990

Müller, M.J.: Handbuch ausgewählter Klimastationen der Erde, 4. verb. Aufl., Forschungsstelle Bodenerosion der Universität Trier, Mertesdorf (Ruwertal), Trier 1987

Pacific Gas and Electric Co. / Bechtel International Inc.: A Comparison of Solar Central Receiver Power Plants based on Air and Nitrate Salt Receivers, PG&E Report, San Ramon 1989

Palz, W.: Atlas über die Sonnenstrahlung Europas, Band 1: Horizontale Flächen, 2. verb. und erw. Aufl., Kommission der Europäischen Gemeinschaften (Hrsg.), Verlag TÜV Rheinland, Köln 1984

PHOEBUS Consortium: A 30 MWe Solar Tower Plant for Jordan / Phase 1B - Feasibility Study, Ed. Fichtner Development Engineering (1990)

Statistisches Bundesamt: Statistik des Auslandes, verschiedene Länderberichte, Kohlhammer-Verlag, Stuttgart

STERKO Programm zur Ermittlung von Stromerzeugungskosten (Siemens, Bereich KWU)

Stoddard, M.C., Faas, S.E., Chiang, C.J., Dirks, J.A.: SOLERGY - A Computer Code for Calculating the Annual Energy from Central Receiver Power Plants, SANDIA-Report 86-8060, 1987

Stuhlmann, R., Rieland, M., Raschke, E.: An Improvement of the IGMK Model to derive Total and Diffuse Solar Radiation at the Surface from Satellite Data, in: Journal of Applied Meteorology, Vol. 29, No. 7, S. 586 - 603, American Meteorological Society (Hrsg.), Juli 1990

Test Reference Years, Commission of the European Communities, Directorate General XII for Science, Research and Development, Brüssel / Luxemburg 1985

UCPTE Verbundnetz 1990. Union pour la Coordination de la Production et du Transport de l'Électricité, verschiedene Veröffentlichungen

Wagner, H. G.: Afrika Kartenwerk, Karte und Beiheft N8, Bevölkerungsgeografie - Nordafrika (32° - 37°30' N, 6° - 12° E), Gebrüder Bornträger, Berlin / Stuttgart 1981

Water Power & Dam Construction: Handbook 1989

World Bank: Review of Electricity Tariffs in Developing Countries During the 1980øs, Industry and Energy Department Working Paper, Energy Series Paper No. 32, Washington, Nov. 1990

World Bank: World Development Report, verschiedene Jahre; UNO Verlag

World Bank: Summary 1988 Power Data Sheets for 100 Developing Countries, Industry and Energy Department Working Paper, Energy Series Paper No. 40, Washington, Aug. 1991

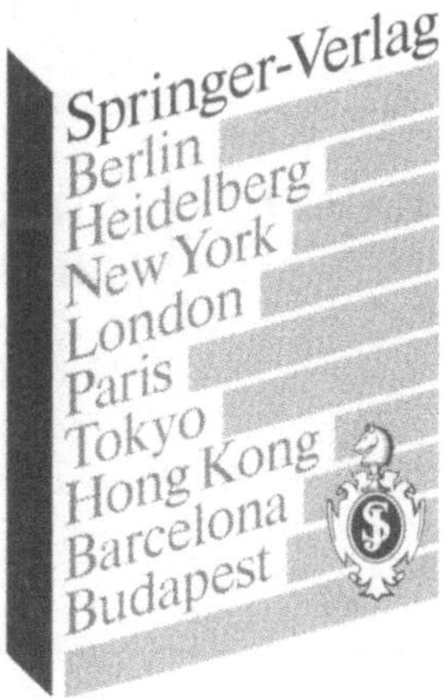
Springer-Verlag
Berlin
Heidelberg
New York
London
Paris
Tokyo
Hong Kong
Barcelona
Budapest

Solar Thermal Energy Utilization

German Studies on Technology and Application

Volume 1   **M. Becker (Ed.)**
General Investigations on Energy Availability
1987. VII, 299 pp. Softcover DM 85,– ISBN 3-540-18028-1

Volume 2   **M. Becker (Ed.)**
Technologies of Heat Exchangers (Receiver/Reformer) and Storage
1987. VII, 321 pp. Softcover DM 85,– ISBN 3-540-18031-1

Volume 3   **M. Becker (Ed.)**
Solar Thermal Energy for Chemical Processes
1987. VII, 765 pp. Softcover DM 170,– ISBN 3-540-18032-X

3-volume-set
1987. XXI, 1385 pp. Softcover DM 295,– ISBN 3-540-18033-8

Volume 4   **M. Becker, K.-H. Funken (Eds.)**
Final Reports 1988
1991. VII, 498 pp. Softcover DM 98,– ISBN 3-540-53268-4

Volume 5   **M. Becker, K.-H. Funken, G. Schneider (Eds.)**
Final Reports 1989
1991. VII, 528 pp. Softcover DM 118,–
ISBN 3-540-53269-2

Volume 6   **M. Becker, K.-H. Funken, G. Schneider (Eds.)**
Final Reports 1990
1992. VIII, 452 pp. Softcover DM 118,–
ISBN 3-540-54836-X

Volume 7   **M. Becker, K.-H. Funken, G. Schneider (Eds.)**
Final Reports 1991
1992. Approx. 300 pp. Softcover DM 98,–
ISBN 3-540-55666-4

Prices are subject to change without notice.

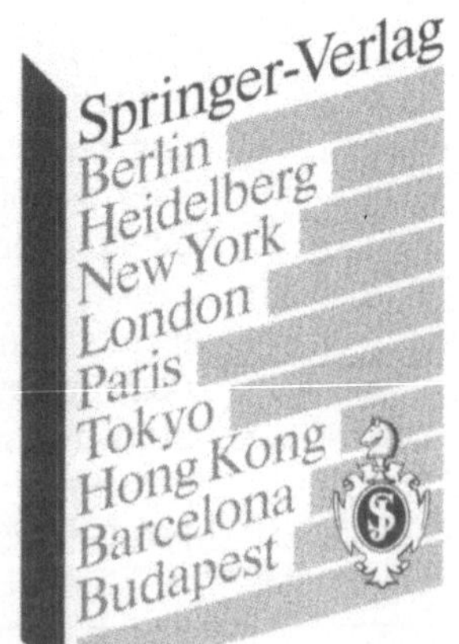